电力可靠性管理丛书

输变电可靠性管理手册

内蒙古电力（集团）有限责任公司　组编

中国电力出版社
CHINA ELECTRIC POWER PRESS

内 容 提 要

本书围绕输变电可靠性管理问题阐述，共分为六章：第一章概述，主要介绍可靠性的基本概念、国内外电力可靠性管理现状和发展趋势等内容；第二章输电可靠性管理，介绍输电可靠性的基础概念、数据管理和指标计算与应用；第三章变电可靠性管理，介绍变电可靠性的基础概念、数据管理和指标计算与应用；第四章输变电回路可靠性管理，介绍输变电回路可靠性的基础概念、数据管理和指标计算与应用；第五章数据分析与应用，详细介绍输变电可靠性数据分析与应用；第六章输变电可靠性监督与评价，详细介绍输变电可靠性监督检查及评价工作。

本书采用理论与实践相结合的编写形式，既可作为电力系统用户输变电可靠性管理人员的培训教材，也可供从事用户输变电可靠性管理的电网公司及各地级电力企业可靠性管理的专业人员使用。

图书在版编目（CIP）数据

输变电可靠性管理手册 / 内蒙古电力（集团）有限
责任公司组编. -- 北京：中国电力出版社，2025. 2.
（电力可靠性管理丛书）. -- ISBN 978-7-5198-9343-9

Ⅰ. TM7-62

中国国家版本馆 CIP 数据核字第 2024Y52Y11 号

出版发行：中国电力出版社
地　　址：北京市东城区北京站西街 19 号（邮政编码 100005）
网　　址：http://www.cepp.sgcc.com.cn
责任编辑：孙建英（010-63412369）　鲁　爽
责任校对：黄　蓓　马　宁
装帧设计：赵丽媛
责任印制：吴　迪

印　　刷：三河市万龙印装有限公司
版　　次：2025 年 2 月第一版
印　　次：2025 年 2 月北京第一次印刷
开　　本：710 毫米×1000 毫米　16 开本
印　　张：14.75
字　　数：196 千字
印　　数：0001—1500 册
定　　价：90.00 元

丛 书 编 委 会

主　任　闫　军

副主任　薄宏斌　辛立坚

委　员　臧浩阳　陈少宏　郭红兵　杨明疆　宦　钧

　　　　　徐　贵　邢　峰　康海平　王振国　裴晓东

　　　　　胡　新　翟春雨　武剑灵　黄　智

本 书 编 写 组

主　编　董文娟　潘大志

副主编　赵　琴　白　皓　贾俊青

参　编　邓凤婷　梁海洋　郝秀平　吴　琼　卢　凯

　　　　　温锦华　鹏斯格　翟欣欣　张恩佑　吴　疆

　　　　　栗萧河　孙　浩　赵　恒　赵　运　肖文阔

　　　　　王志娟　于洋博　樊小伟　杨建中　王　森

　　　　　苗　春　李　军　袁　宝

前　言

输变电可靠性是指输变电设施和回路按照规定或约定的技术参数保持持续、稳定运行的能力。电力可靠性管理工作历经 40 余年发展，已成为我国电力生产运行工作的核心管理手段，是提升电力安全生产能力、优质服务水平和促进重大电力设备制造提质升级的重要基础性工作，也是世界银行"获得电力"营商环境评价中的主要指标之一。

国家高度重视电力可靠性管理工作，在脱贫攻坚、乡村振兴战略、优化营商环境、新一轮农网升级改造等战略部署中均将其作为电力行业的主要要求和指标之一。而随着我国电力工业步入大电网、特高压、超高压、远距离输电的发展阶段，电力系统的复杂性明显增加，电网的安全稳定问题日显突出。因此，输变电可靠性管理的进一步深入，必将对确保电力系统的安全稳定运行发挥更大作用。

为进一步提升电力企业管理水平和设备健康水平，提高可靠性技术人员的专业技能及业务素质，保障电力系统的安全经济运行，实现电力工业的可持续发展，内蒙古电力（集团）有限责任公司组织编写了电力可靠性管理丛书。丛书共包括《供电可靠性管理手册》和《输变电可靠性管理手册》两本。手册编写遵循"有效实用"的原则，将公司电力可靠性管理理念、规定和标准、工作要求等内容整理分类，对多年可靠性管理工作的经验进行归纳总结，对电力可靠性管理的基础理论、工作内容、工作方法等都作了比较详尽的论述，内容涵盖电力可靠性管理各层面、各专业。同时侧重实用性，并将电力可靠性理论与电力生产紧密联系。

本书为《输变电可靠性管理手册》，围绕输变电可靠性管理问题介绍。本书共六章：第一章概述，主要介绍可靠性的基本概念、国内外电力可靠性管理现状和发展趋势等内容；第二章输电可靠性管理，介绍输电可靠性的基础概念、数据管理和指标计算与应用；第三章变电可靠性管理，介绍变电可靠性的基础概念、数据管理和指标计算与应用；第四章输变电回路可靠性管理，介绍输变电回路可靠性的基础概念、数据管理和指标计算与应用；第五章数据分析与应用，详细介绍输变电可靠性数据分析与应用；第六章输变电可靠性监督与评价，详细介绍输变电可靠性监督检查及评价工作。

本书采用理论与实践相结合的编写形式，既可作为电力系统用户输变电可靠性管理人员的培训教材，也可供从事用户输变电可靠性管理的电网公司及各地级电力企业可靠性管理的专业人员使用。

本书经输变电可靠性专家多次评审，但由于编写时间紧张，加之编者水平有限，书中难免存在疏漏或不当之处，恳请读者批评指正，以便修订时完善。

编者
2024.12

目　录

前言

概　　述

　　输变电可靠性管理（简称输变电可靠性）是指为确定和满足输变电可靠性要求所进行的一系列规划、计划、组织、控制、协调、监督、决策等活动和功能的管理，是电力可靠性管理的一项主要内容。输变电可靠性管理严格按照输变电状态的划分，采用数理统计的方法定量反映输变电的运行工况、健康水平以及相关的工作质量。输变电可靠性管理是一项长期的基础性管理工作，其范围覆盖规划、设计、制造、物资、基建、调度、运检、营销等各环节。

　　本章主要介绍可靠性的基本概念、国内外电力可靠性管理现状和发展趋势等内容，结合内蒙古电力（集团）有限责任公司可靠性管理实际工作，侧重介绍输变电相关部分。

第一节　可　　靠　　性

一、基本概念

　　可靠性是指元件或系统在规定的条件下、规定的时间区间内能完成规定功能的能力，是衡量产品质量和系统功能的重要指标。

二、可靠性管理

　　对确定和满足实体的可靠性要求所进行的一系列组织、计划、规划、控制、协调、监督、决策等活动和功能的管理，称为可靠性管理。可靠性管理的内容主要包括组织可靠性的质量保证系统，规定需管理的任务与有关部门、负责人员的职责，指导、检查和督促分担任务的协作单位的可靠性工作，制订可靠性计划并检查督促计划的执行等。

在可靠性管理活动中，可对设备或系统可靠性进行两方面分析：一方面是对过去的行为做出统计分析与评价；另一方面是根据过去的统计信息对未来的性能进行预测与评估。

第二节 电力可靠性

将可靠性工程的一般原理、分析方法与电力行业实际问题相结合，就形成了电力可靠性应用学科。目前该学科已渗透到电力规划、设计、制造、建设安装、运行和管理等各方面，并得到了广泛应用。

一、电力可靠性和电力可靠性管理

电力可靠性是指电力系统按可接受的质量标准和所需数量不间断地向电力用户供应电能能力的度量。电力可靠性包括充裕性和安全性两个方面。充裕性又称静态可靠性，是指电力系统稳态运行时，在系统元件额定容量、母线电压和系统频率等允许的范围内，并考虑系统中元件的计划停运以及合理的非计划停运条件下，向用户提供全部所需电能的能力。安全性是指电力系统在运行中承受例如短路或系统中元件意外退出运行等突然扰动的能力。安全性也称动态可靠性，即在动态条件下电力系统经受住突然扰动，并不间断地向用户提供电能的能力。

作为电力可靠性学科的重要组成部分之一，电力可靠性管理是指为提高电力可靠性水平而开展的管理活动，包括电力系统、发电、输变电、供电、用户可靠性管理等。因此，电力可靠性管理作为现代电力工业管理的一种重要手段，随着科学技术和经济管理的发展形成与壮大，不仅是电力工业现代化的必然产物，更是现代化社会的重要标志。

二、电力可靠性统计评价、评估和预测

DL/T 861—2020《电力可靠性基本名词术语》规定，电力系统可靠性准则是指在电力系统规划或运行中为使系统可靠性达到一定的要求应当满足的指标条件或规定。

在电力系统可靠性管理中，常对可靠性进行以下两方面的分析：

（1）对已发生的设备停运行为、负荷点停电行为等进行统计评价，称为电力可靠性统计评价。

（2）根据过去的元件可靠性统计信息，对未来负荷点、系统的可靠性性能进行评估，称为电力可靠性评估。

电力可靠性统计评价是根据已发生的停运事件，经统计分析以确定元件和系统可靠性水平的过程。可靠性统计评价可对系统进行如下分析：①统计分析系统的薄弱元件；②分析元件、负荷点、系统可靠性逐年的变化趋势；③分析同类元件中不同生产厂家的可靠性性能差异；④制订未来元件、系统的可靠性参考标准；⑤对系统进行增强性措施分析、成本效益分析。

三、输变电可靠性的概念

输变电可靠性是指输变电设施或回路按照规定或约定的技术参数保持持续、稳定运行的能力。

输变电设施可靠性是指输变电设施在规定条件下和规定时间内完成规定功能的能力。纳入可靠性统计的输变电设施包括变压器、电抗器、断路器、电流互感器、电压互感器、隔离开关、避雷器、架空线路、电缆线路、组合电器、母线、组合互感器共 12 类设施（阻波器以及耦合电容器参考后续电力设备建设情况决定是否纳入统计）。

输变电回路可靠性是指在输变电设施可靠性基础上引入回路概念，通过对拓扑关系的分析，反映输变电回路在规定条件下和规定时间内完成规定功能的能力。输变电回路包括变电回路、输电回路、母线回路三部分，是指输变电系统中连接两个及以上的传输终端、变电站或者系统输电节点之间的元件集合。

第三节　国内电力可靠性管理及
输变电可靠性发展概况

一、我国电力可靠性管理概况

1985 年 1 月，水利电力部成立电力可靠性管理中心，负责全国电力可靠性管理工作，标志着电力可靠性工作正式纳入政府管理范围。伴随着中国几次电力行业管理部门的改革，电力可靠性管理中心也随之几度更名。1988 年，中国电力企业联合会（1998 年由事业单位转为社会团体法人）成立，并受相关部委委托负责电力可靠性管理工作。

2016 年 12 月，根据国家行业关于协会商会与行政机关脱钩要求，国家能源局党组印发《关于国家能源局电力可靠性管理中心不再委托中国电力企业联合会管理的通知》（国能党组〔2016〕82 号），电力可靠性工作由国家能源局直接管理。2017 年 6 月 21 日，中央机构编制委员会办公室批复同意成立国家能源局电力可靠性管理和工程质量监督中心。

在学习和借鉴国外电力可靠性研究的基础上，经过长期的探索和实践，目前我国已形成了由"国家能源局归口管理，国家能源局电力可靠性管理和工程质量监督中心具体负责，国家能源局派出机构属地监管，中国电力企业联合会作为行业协会开展自律服务，企业承担主体责任"的较为完善的电力可靠性管理体系，我国电力可靠性管理组织体系示意图如图 1-1 所示。

根据电力可靠性的管理内容，我国建立了相应的制度、标准和规定。我国现执行的电力可靠性制度有《电力可靠性管理办法（暂行）》（自 2022 年 6 月 1 日起执行）和国家电网有限公司电力可靠性工作管理办法等。我国的电力可靠性管理技术标准以行业推荐标准为主，正在逐步推动制定团体标准。标准体系已覆盖主要发电类设备、输变电、直流输电系统和供配电系统等各生产环节，涉及评价规程、名词术语、管理代码、信息系统数据接口等。目前的技术标准共有 23 项，其中 22 项为行业推荐标准，1 项为社团标准。

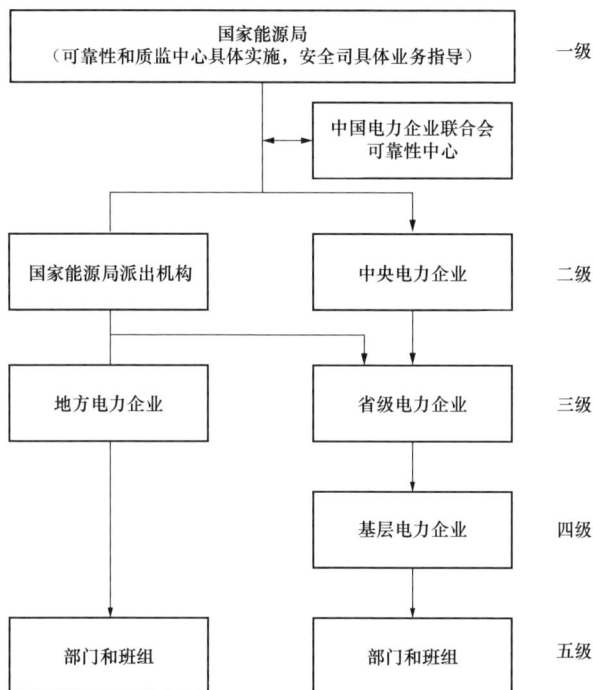

图 1-1　我国电力可靠性管理组织体系示意图

二、输变电可靠性管理体系与职责

1. 国家能源局及其派出机构

国家能源局及其派出机构对电力企业、统计承担单位报送的可靠性信息的真实性、完整性和准确性实施监督，履行以下电力可靠性管理职责：

（1）组织制定电力可靠性监督管理规章和电力可靠性技术标准，并组织实施。

（2）建立电力可靠性监督管理工作体系。

（3）组织推动政府、行业和企业电力可靠性信息系统建设。

（4）组织电力可靠性管理工作检查、核查。

（5）组织推动电力可靠性评价、评估、预测工作。

（6）发布电力可靠性指标和电力可靠性监管报告。

（7）推动电力可靠性理论研究和技术应用。

（8）组织推动电力行业可靠性培训体系建设。

（9）开展电力可靠性国际交流与合作。

国家能源局及其派出机构对电力企业贯彻执行相关法规情况实施监督。组织实施可靠性监督检查时，可以采取以下措施：

（1）要求电力企业对照检查事项开展自查并提交自查报告。

（2）对电力企业进行检查并询问相关人员，要求其对检查事项做出说明。

（3）查阅、复制与检查事项有关的文件、资料和信息。

2. 统计承担单位

统计承担单位依法依规开展电力可靠性统计工作，具体包括：

（1）负责电力可靠性管理统计调查制度的维护和报备工作。

（2）负责电力行业可靠性管理统计信息系统建设和日常维护工作。

（3）负责构建电力行业可靠性管理统计工作组织体系，开展可靠性统计机构和人员管理。

（4）组织开展电力可靠性管理信息注册、上报、清理、汇总、计算和分析等工作。

（5）为政府和企业提供电力可靠性管理信息，按照有关要求向社会公众公开统计。

（6）参与重大争议处理、重大事故调查及相关专项检查工作。

3. 电力企业

电力企业是电力可靠性管理的责任主体，按照《电力可靠性监督管理办法（暂行）》及可靠性文件和标准规程，开展电力可靠性管理工作，履行以下电力可靠性管理基本职责：

（1）贯彻执行国家有关电力可靠性管理规定，制定本企业电力可靠性管理工作制度。

（2）建立电力可靠性管理工作体系，落实电力可靠性管理相关岗位及职责。

（3）采集分析电力可靠性信息，并按规定准确、及时、完整报送。

（4）开展电力可靠性管理创新、成果应用以及培训交流。

电力企业可在国家有关电力可靠性管理规定和标准的基础上，吸收借鉴国际相关组织和机构的标准化工作经验，制定和执行相应的团体标准、企业标准，开展电力可靠性管理交流和国际一流对标。

电力企业在生产经营过程中应建立贯穿全过程的可靠性管理机制，加强跨单位、跨部门、跨环节、跨专业间的协调控制，统筹做好电力规划、建设施工、调度管理、生产运行、用户服务等工作，提升电力系统和设备可靠性，减少停运停电时间。

电力企业可在国家有关电力可靠性管理规定和标准的基础上，吸收借鉴国际相关组织和机构的标准化工作经验，制定和执行相应的团体标准、企业标准，开展电力可靠性管理交流和国际一流对标。

三、我国输变电可靠性发展概况

1988年，由原水电部颁发《输变电设施可靠性统计实施办法》开始对架空线路、变压器、断路器3类设施进行可靠性的统计工作。

1990年，由原能源部颁发了《输变电设施可靠性统计报表填报细则》使可靠性管理办法进一步完善。

1995年，由原电力部颁发《输变电设施可靠性统计实施细则》输变电设施统计种类由3类增加到11类，输变电设施可靠性统计覆盖面进一步扩大。

1997年，由原电力部颁发《输变电设施可靠性评价规程（暂行）》输变电设施统计种类由11类增加到13类。

2003年6月《输变电设施可靠性评价规程》正式上升为中华人民共和国电力行业标准DL/T 837—2003，输变电设施可靠性管理工作步入标准化轨道。

2005年，电力可靠性管理纳入电力监管体系。2007年4月，原国家电力监管委员会颁布实施《电力可靠性监督管理办法》(国家电力监督管理委员会令第24号)，成为过去全行业开展电力可靠性管理工作的根本依据。自颁布以来，我国电力可靠性管理工作取得了显著成效。但随着经济社会的快速发展，特别是党中央提出建设能源强国和"碳达峰、碳中和"目标，能源转型和构建新型电力系统深入推进，电力行业发生深刻变化。

自20世纪80年代，我国引入电力可靠性管理，原水利电力部成立电力可靠性管理中心以来，伴随国家机构体制改革历经了能源部、电力工业部、国家经贸委、国家电监会、国家能源局等主管部委的变迁，电力可靠性管理工作历经40余年发展，已成为我国电力生产运行工作的核心管理手段，是提升电力安全生产能力、优质服务水平和促进重大电力设备制造提质升级的重要基础性工作，也是世界银行"获得电力"营商环境评价中的主要指标之一。国家高度重视电力可靠性管理工作，在脱贫攻坚、乡村振兴战略、优化营商环境、新一轮农网升级改造等战略部署中均将其作为电力行业的主要要求和指标之一。《电力可靠性管理办法（暂行）》(国家发展和改革委员会令第50号)于2022年6月1日实施，进一步推动了构建以新能源为主体的新型电力系统，保障电力供应，助力实现碳达峰碳中和目标，支撑经济社会高质量发展，满足人民日益增长的美好生活用电需要。

为确保可靠性数据信息的及时性、准确性与完整性，我国电力行业企业普遍建立了电力可靠性管理信息系统。信息系统或集中部署或分级部署，与我国电力可靠性多级管理模式相适应。部分电力企业结合电力生产运行自动化信息平台开发，已经初步实现了电力可靠性管理信息的自动采集、流程贯通。

输变电设施可靠性管理信息系统已经满足了网络信息要求，为可靠性数据分析计算搭建了支撑平台。

输变电设施可靠性指标的目标管理大多以指标的提高为目标展

开。在输变电设施可靠性管理中通过各种管理和技术方法的采用，输变电设施可靠性指标得到明显提高，从而从设备稳定运行角度保证了输电网的安全可靠。输变电可靠性管理工作已深入到电力行业中的绝大部分电力企业。

随着我国电力工业步入大电网、特高压、超高压、远距离输电的发展阶段，电力系统的复杂性明显增加，电网的安全稳定问题日显突出。因此，输变电可靠性进一步深入，必将对确保电力系统的安全稳定运行发挥更大作用。

第四节 输变电可靠性工作内容

输变电可靠性管理工作实行目标管理，对输变电设施和输变电回路可靠性实施过程控制与监督，严格数据管理，深化数据分析与应用，通过输变电可靠性管理监督与评价，开展各级可靠性管理人员培训，促进输变电可靠性管理持续改进，提升企业可靠性管理水平。

输变电设施可靠性是以设施功能为目标，面向设施在规定的运行条件下，在预定的时间内完成规定功能的能力。输变电设施可靠性的统计、分析是深入掌握和评价输变电设施在电力系统中运行状况的主要措施，在改进设备制造、安装质量、工程设计和生产管理等方面也具有重要意义。

评价输变电设施的主要可靠性指标包括：非计划停运率、可用系数、运行系数、强迫停运率、平均连续可用小时、暴露率、平均无故障操作次数等。其中输变电设施的非计划停运率、可用系数、强迫停运率已经成为生产管理中评价输变电设施健康水平的三个主要指标。输变电设施可靠性指标管理大多以这些指标的提高为目标展开。在输变电设施可靠性管理中通过各种管理和技术方法的采用，输变电设施可靠性指标得到了明显提高，从而从设备稳定运行角度保证了输电网的安全、可靠。

为改善输变电设施的可靠性指标，针对输变电设施推行状态检修制度。状态检修制度又称预知维修制、视情维修制、适应性维修制。它是建立在应用设备诊断技术对设备状态进行监测，重复掌握系统内所有设备健康状态的基础上，对设备进行主动维修的一种设备维修管理体制。其方法是应用各种测试手段和在线监测技术，通过可靠性的数理统计分析，对各类设备状态做出评估，预测其状态变化的趋势或规律，从而对少数应该维修的设备进行有针对性的适度维修。其目的在于尽可能地减少由于维修引起的设备停运时间及人力物力的投入，同时又能保障电力供给的可靠性。

一、管理范围

输变电可靠性管理按照"谁管理、谁负责"的原则开展统计工作。目前，输变电可靠性管理范围为本企业产权范围的全部输变电设施（回路）以及受委托运行、维护、管理的输变电设施（回路），这些都必须纳入本单位的可靠性统计。其中应包括直供直管县的输变电设施（回路），控股县也应按照直供直管县对待，纳入本单位可靠性统计范围。

电力公司可靠性数据统计、分析和评价范围为：公司资产所属以及受委托运行、维护、管理的35kV及以上电压等级的12类输变电设施。

二、管理内容及要求

输变电设施可靠性管理以DL/T 837—2020《输变电设施可靠性评价规范》和DL/T 2030—2019《输变电回路可靠性评价规程》为评价基准，以《内蒙古电力可靠性管理办法》《内蒙古电力可靠性监督检查及考评标准》等可靠性管理规程、规范为指导方针，并依据《电力可靠性—管理办法（暂行）》等开展目标管理、数据管理、过程控制、数据分析与应用、人员培训、监督与评价等相关工作。

1. 目标管理内容及要求

输变电设施可靠性目标管理是指在总体发展目标指导下，结合电网及各类设备运行实际情况，确定中长期可靠性指标规划目标和年度、月度目标，并依此逐级分解和落实。输变电设施可靠性目标管理实行刚性管理，未经上级单位批准，指标目标值不得随意调整。

2. 数据管理内容及要求

输变电设施数据管理包含基础数据和运行数据管理两项基本工作，其主要内容是依据输变电可靠性评价规程规定，开展基础及运行数据等相关信息的更新维护、收集、汇总、统计、上报、发布等工作。输变电设施可靠性数据管理应严格遵循可靠性数据管理"准确性、及时性、完整性"要求。

输变电可靠性管理需按不同管辖范围配备可靠性管理专（兼）职人员，在保证可靠性管理网络健全、畅通的前提下，按照信息系统的安全规定对可靠性信息管理人员进行权限管理，保证数据的安全性。各级单位及人员不得擅自对外泄露可靠性数据信息。

任何单位、个人严禁以任何形式对可靠性数据进行不正当干预。输变电基础数据在相关设备投运后，一周内完成主要设备参数录入；在完成资料交接工作后，一周内完成全部参数录入及修改。每周五下午 18:00 前完成本周输变电设备基础和运行数据录入，内蒙古电力科学研究院（简称电科院）每周一汇总各单位上报数据；每月最后一天18:00 前完成本月输变电设施基础和运行数据的调整及填报。报送企业发现数据有误需要更正时，应及时以书面形式说明原因。电科院依据每周各单位数据汇总，在月初核对上月数据增加情况，上报公司。需要更正可靠性数据时，应以书面形式提交原因，上报上级单位审核同意方可修改数据；公司每年至少开展一次可靠性监督检查及考评工作并发布检查及考评结果；各供电单位应定期开展可靠性数据自查并通报检查结果；对可靠性数据检查中发现的问题，各单位及相关业务管理部门应积极整改，并及时将整改结果反馈归口管理部门。

3. 过程管控及要求

各级管理单位应建立有效的输变电可靠性指标过程管控和监督机制，对过程中可能影响可靠性指标的各环节进行监督，指导相关工作的开展，确保可靠性目标的实现。

通过建立可靠性指标预控工作机制，预先分析和控制可能对可靠性指标产生影响的工作；通过建立现场工作跟踪分析工作机制，及时总结现场工作情况，调整可靠性指标预控措施，提升可靠性指标预测、预控的准确性。

4. 数据分析与应用

各供电单位应深入开展输变电设施可靠性数据诊断分析与应用工作，可靠性数据分析要为生产服务，可靠性分析要与各相关专业合作完成，分析结果要及时反馈给相关领导和有关部门。通过输变电可靠性指标诊断分析、预测、评价系统定期开展年度、季度、月度可靠性数据诊断分析工作，对于设备存在的突出问题，负责可靠性管理的部门要组织有关人员进行深入分析研究，提出处理措施，并组织落实。总结评价可靠性指标变化情况，及时掌握电网和设施运行状况，找出影响指标的主要因素，制定改进措施并督促执行。

5. 监督与评价

建立可靠性日常管理考评机制，对可靠性数据报送的"准确性、及时性、完整性"进行核查，对可靠性管理工作的规范性和有效性进行监督。依据公司编制的《内蒙古电力可靠性监督检查及考评标准》，对可靠性管理及可靠性数据进行考评，针对考评结果纳入绩效考核并给予奖惩。

6. 培训内容及要求

电科院负责并加强可靠性数据录入规范工作，确保可靠性数据录入的准确性；开展专业交流、培训、调考等工作，提高可靠性技术人员的业务水平；加强可靠性专业理论研究，提高可靠性技术和管理手段。

各供电单位应制定培训计划，建立培训档案，定期开展输变电设施可靠管理人员及技术人员的培训工作。新任职人员需参加岗前培训，经上级单位考试合格后方可上岗。

三、管理流程

输变电可靠性管理采用预控管理模式，流程主要包括目标管理、数据管理、过程控制与监督和分析应用等。按照输变电可靠性管理要求，各级单位在不同的管理流程阶段承担相应的工作职责。

第二章

输电可靠性管理

第一节 基 础 概 念

一、输电设施定义

1. 架空线路

用绝缘子将输电导线固定在直立于地面的杆塔上以传输电能的输电线路。它由八大部分组成，分别为：导线、地线、绝缘子、金具、杆塔、接地装置、拉线、基础。

2. 电缆线路

由直接埋在地下或敷设在地下电缆沟、电缆槽、管道或隧道内的电力电缆和接地装置组成的电力线路，电缆线路主要由电力电缆、接地装置、终端接头、中间接头以及支撑件组成，电力电缆由导体、绝缘层、屏蔽层、保护层四部分组成。

二、编码规则

（一）架空线路

1. 编码原则

架空线路编码指一条线路的编码。架空线路编码由线路码（1位）、电压等级码（1位）、区域码（1位）、企业单位代码（2位）、流水号（3位），共8位数字组成，如图2-1所示。

说明：

（1）第1位表示线路码，其中：2—架空线路。

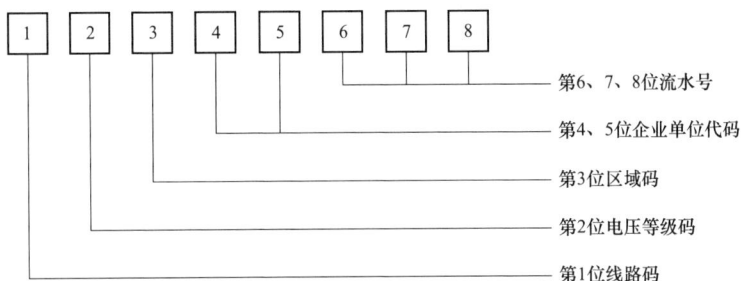

图 2-1 架空线路编码原则

（2）第 2 位表示电压等级码，其中：U—1000kV、7—750kV、5—500kV、2—220kV、1—110kV、B—35kV。

（3）第 3 位表示区域码，其中：W—跨区域电网线路、S—跨省线路、J—跨供电公司线路、B—本供电公司线路。

1）W—跨区域电网线路，国家能源局电力可靠性管理和工程质量监督中心给定编码。

2）S—跨省线路，国家能源局电力可靠性管理中心给定编码。

3）J—跨供电公司线路，由内蒙古电力公司自行编制，新增跨供电公司线路，须向内蒙古电力公司可靠性管理部门提出申请，由内蒙古电力公司编制下发。

4）B—本供电公司线路编码需自行编制。

（4）第 4、5 位表示各企业单位代码。

（5）第 6、7、8 位按流水号编码，分电压等级单独编码。

2. 企业单位线路编码要求

企业单位线路编码要求见表 2-1。

例：锡林郭勒供电公司 220kV 兴明线为本供电公司管辖的交流架空线路，编码为 22B08002，说明如图 2-2 所示。

表 2-1   企业单位线路编码要求

企业单位	第1位	第2位	第3位	第4位	第5位	第6位	第7位	第8位
	线路码	电压等级码	区域码	企业单位代码		流水号		
呼和浩特供电公司	2—架空线路	1—110kV，2—220kV，5—500kV，7—750kV，U—1000kV，B—35kV	W—跨网，S—跨省，J—跨供，电公司，B—本供电公司	01		按流水号编码分电压等级单独编码		
包头供电公司				02				
乌兰察布供电公司				03				
巴彦淖尔供电公司				04				
鄂尔多斯供电公司				07				
锡林郭勒供电公司				08				
乌海供电公司				09				
薛家湾供电公司				10				
阿拉善供电公司				12				
内蒙古超高压供电公司				61				
乌海超高压供电公司				63				
锡林郭勒超高压供电公司				64				

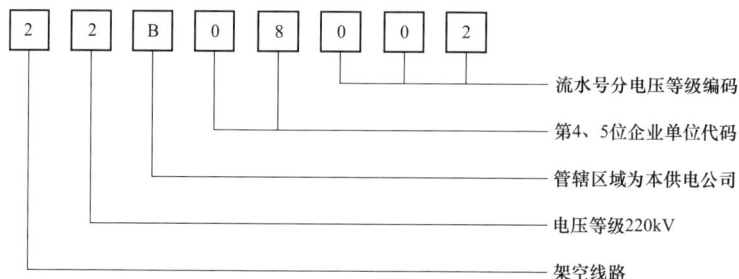

2	2	B	0	8	0	0	2

流水号分电压等级编码

第4、5位企业单位代码

管辖区域为本供电公司

电压等级220kV

架空线路

图 2-2   锡林郭勒供电公司 220kV 兴明线交流架空线路编码

注意，架空线路编码涉及跨省、跨供电公司及本供电公司的一条线路只能有一个编码。架空线路代码录入界面见表 2-2。

表 2-2　　　　　　　　　　架空线路代码录入界面

标题	内容	标题	内容
线路类型	架空线	线路名称	AB 线
电压等级	220kV	区域级别	本市（局）级公司
线路代码	22B08002	建成日期	2012-11-20
起点站	220kV A 变电站	终点站	220kV B 变电站
经过区域	A 市、B 市	线路性质	交流

（二）电缆线路

1. 编码原则

电缆线路编码指一条线路的编码。电缆线路编码由电缆线路码（1 位）、电压等级码（1 位）、区域码（1 位）、企业单位代码（2 位）、流水号（3 位），共 8 位组成，如图 2-3 所示。

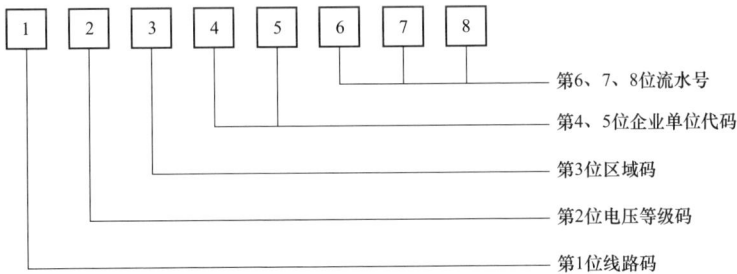

图 2-3　电缆线路编码原则

说明：

（1）第 1 位表示线路码，其中：A—电缆线路。

（2）第 2 位表示电压等级，其中：U—1000kV，7—750kV，5—500kV，2—220kV，1—110kV，B—35kV。

（3）第 3 位表示区域码，其中：W—跨网线路、S—跨省线路、J—跨供电公司线路、B—本供电公司线路。

（4）第 4、5 位表示各企业单位代码。

（5）第 6、7、8 位按流水号编码，分电压等级单独编码。

2. 企业单位电缆线路编码要求

企业单位电缆线路编码见表 2-3。

表 2-3　　　　　　　　企业单位电缆线路编码

企业单位	第 1 位 线路类别	第 2 位 电压等级	第 3 位 区域码	第 4 位 第 5 位 企业单位代码	第 6 位 第 7 位 第 8 位 流水号
呼和浩特供电公司				01	
包头供电公司				02	
乌兰察布供电公司				03	
巴彦淖尔供电公司				04	
鄂尔多斯供电公司	A—电缆	1—110kV，2—220kV，5—500kV，7—750kV，U—1000kV，B—35kV	W—跨网，S—跨省，J—跨供电公司，B—本供电公司	07	按流水号编码分电压等级单独编码
锡林郭勒供电公司				08	
乌海供电公司				09	
薛家湾供电公司				10	
阿拉善供电公司				12	
内蒙古超高压供电公司				61	
乌海超高压供电公司				63	
锡林郭勒供电公司超高压				64	

例：包头供电公司 110kV 兴职线为本单位管辖的交流电缆线路，

编码为 A1B02121。说明如图 2-4 所示。

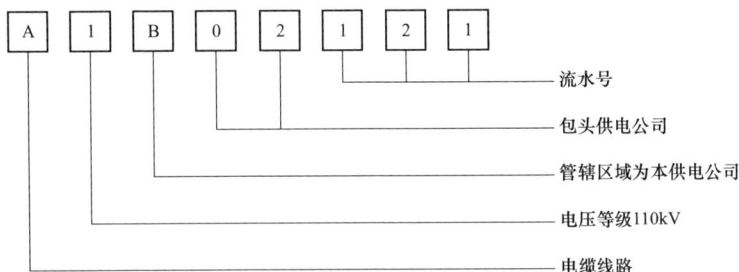

图 2-4 包头供电公司兴职线电缆线路编码

注意，电缆线路编码必须遵循的原则是同一条线路只能有一个编码。电缆线路录入界面见表 2-4。

表 2-4 电缆线路代码录入界面

标题	内容	标题	内容
线路类型	电缆	线路名称	AB 线
电压等级	110kV	区域级别	本市（局）级公司
线路代码	A1B02121	建成日期	2013-07-19
起点站	A 变电站	终点站	B 变电站
经过区域	A 市	线路性质	交流

（三）混合线路

1. 编码原则

混合线路编码指一条线路由架空线路和电缆线路连接而成，按架空线路与电缆线路分别注册，并采用统一编码。

混合线路编码指一条线路的编码。混合线路编码由混合线路码（1 位）、电压等级码（1 位）、区域码（1 位）、企业单位代码（2 位）、流水号（3 位），共 8 位组成，如图 2-5 所示。

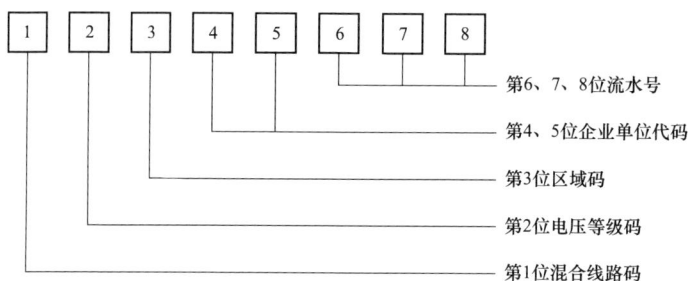

图 2-5　混合线路编码原则

说明：

（1）第 1 位表示混合线路码，其中：2—混合线路。

（2）第 2 位表示电压等级码，其中 U—1000kV、7—750kV、5—500kV、2—220kV、1—110kV、B—35kV。

（3）第 3 位表示区域码，其中：W—跨网线路、S—跨省线路、J—跨供电公司线路、B—本供电公司线路。

（4）第 4、5 位表示各企业单位代码。

（5）第 6、7、8 位按流水号编码，分电压等级单独编码。

2. 企业单位混合线路编码要求

企业单位混合线路编码见表 2-5。

表 2-5　　　　　　　　　　企业单位混合线路编码

企业	第 1 位	第 2 位	第 3 位	第 4 位	第 5 位	第 6 位	第 7 位	第 8 位
单位	线路类别	电压等级	区域码	企业单位代码		流水号		
呼和浩特供电公司	2—混合线路	1—110kV，2—220kV，5—500kV，7—750kV，U—1000kV，B—35kV	W—跨网，S—跨省，J—跨局，B—本市	01		按流水号编码分电压等级单独编码		
包头供电公司				02				
乌兰察布供电公司				03				
巴彦淖尔供电公司				04				

企业	第1位	第2位	第3位	第4位	第5位	第6位	第7位	第8位
单位	线路类别	电压等级	区域码	企业单位代码		流水号		
鄂尔多斯供电公司	2—混合线路	1—110kV，2—220kV，5—500kV，7—750kV，U—1000kV，B—35kV	W—跨网，S—跨省，J—跨局，B—本市	07		按流水号编码分电压等级单独编码		
锡林郭勒供电公司				08				
乌海供电公司				09				
薛家湾供电公司				10				
阿拉善供电公司				12				
内蒙古超高压供电公司				61				
乌海超高压供电公司				63				
锡林郭勒超高压供电公司				64				

例：锡林郭勒供电公司 35kV 灰腾梁线为本供电公司管辖的交流混合线路，编码为 2BB08024，说明如图 2-6 所示。

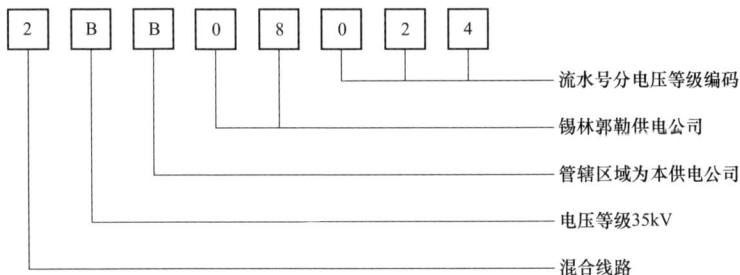

图 2-6　锡林郭勒供电公司灰腾梁混合线路编码

注意，混合线路编码必须遵循的原则是同一条线路只能有一个编码。混合线路代码录入界面见表 2-6。

表 2-6　　　　　　　　　　混合线路代码录入界面

标题	内容	标题	内容
线路类型	混合线	线路名称	A 电厂线
电压等级	35kV	区域级别	本市（局）级公司
线路代码	2BB08024	建成日期	2008-01-01
起点站	A 电厂	终点站	500kV B 变电站
经过区域	A 市	线路性质	交流

（四）T 接线路的编码

若 T 接线路与主线路名称相同，取统一线路编码；T 接线路与主线路名称不相同，按两条线路注册，取不同的线路编码。

三、统计范围及界限划分

（一）统计范围

1. 输电设施产权的划分与统计

本企业产权范围的全部输电设施以及受委托运行、维护、管理的输电设施都必须纳入本单位的可靠性统计。

2. 输电设施电压等级划分

目前已纳入可靠性管理的各类输电设施，按电压等级划分为35、66、110、220、500、750、1000kV。

3. 输电设施的功能划分

目前已纳入可靠性管理的输电设施，按设施功能划分为架空线路、电缆线路两类。

（二）输电设备引流线界限划分

若引流线连接一个设备，则以该引流线上端的线夹为界，该线夹以内（包括该线夹）属于所连接的设备，如图 2-7、图 2-8 所示；若引流线连接两个设备，则以该引流线中间分界点为界，分别属于所连接的设备，如图 2-9 所示。

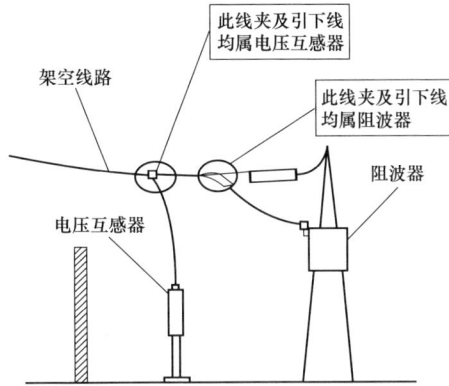

图 2-7 输电设备引流线界限划分（一）

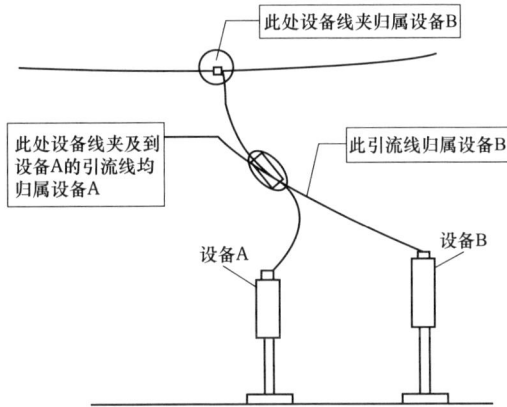

图 2-8 输电设备引流线界限划分（二）

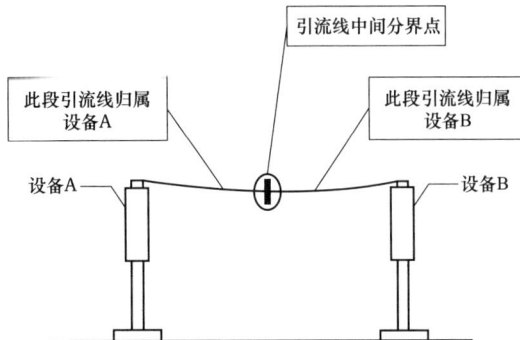

图 2-9 输电设备引流线界限划分（三）

（三）输电各类设备单元的界限划分

1. 电缆

（1）电缆与变电站内设备的分界点，以电缆终端（电缆头）的接线板为界，该接线板（包括接线板）以内属于电缆范围。

（2）电缆与架空线路的分界点，以电缆与架空线路连接的接线板为界，电缆头接线板以内部分（包括架空线路的设备线夹）属于电缆范围。

2. 架空线路

（1）架空线路与变电站内设备的分界点，以架空线路进线挡导线变电站侧的设备线夹为界。该设备线夹以内（但不包括该设备线夹）属于架空线路范围。

（2）架空线路与电缆的分界点，以架空线路与电缆连接的设备线夹为界，架空线路的设备线夹以内部分（但不包括架空线路的设备线夹）属于架空线路范围。

注意，无论是电缆与架空线路的分界点还是架空线路与电缆的分界点，本质上都是电缆要并接到架空线路上，设备线夹都属于电缆。

（3）架空线路上所安装的线路避雷装置等设施，包括架空地线、OPGW 光缆属于架空线路范围。ADSS 光缆不统计在线路范围内。

（四）输电设施统计单位

（1）架空线路以 100 千米（100km）为统计单位，交流线路三相为一条，直流正负极线路整体计为一条，统计长度按每回线路的杆线长度计算。

（2）电缆线路以千米（km）为统计单位。交流线路三相为一条，直流正负极线路整体计为一条，统计长度按敷设的实际长度计算。

四、输电设施状态分类

输电设施在其寿命周期内的使用状态分为可用状态和不可用状态。可用状态包括运行状态和备用状态。其中备用状态分为调度备用状态和受累备用状态。不可用状态分为计划停运状态和非计划停运状态。状态分类如图 2-10 所示。

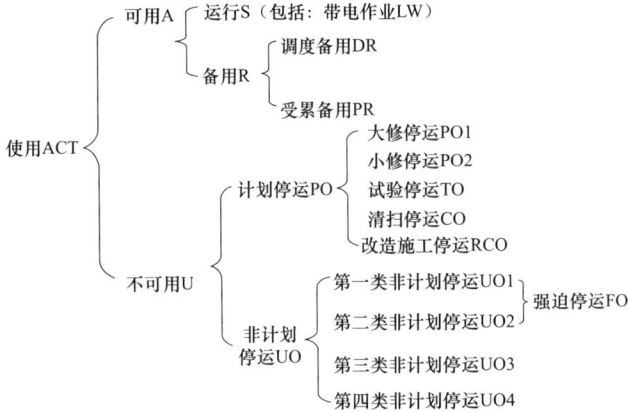

图 2-10 状态分类图

（一）状态分类的定义

1. 可用状态

可用状态是指设施能够完成规定功能的状态，分为运行状态和备用状态。

（1）运行状态：指输电设施发挥规定功能的状态。

（2）备用状态：指输电设施可用，但未发挥规定功能的状态。分为调度备用状态和受累备用状态。

1）调度备用状态：指由于电网运行方式的需要，输电设施处于备用的状态。如某输电线路因电网运行方式的需要，由调度下令由运行状态转为冷备用后，输电线路处于调度备用状态。

2）受累备用状态：指输电设施出现停运，使存在电气联系的关联输电设施处于备用状态。如某线路断路器停电，而连接的输电线路本身无工作，此时该输电线路为受累备用状态。

2. 不可用状态

不可用状态是指输电设施出现故障或维修，不能完成规定功能的状态。分为计划停运状态和非计划停运状态。

（1）计划停运状态：输电设施处于按照指定的时间表停止发挥规定功能的状态。分为大修、小修、试验、清扫和改造施工。

1）大修停运状态：指输电设施处于整体修理、更换或修复重要零部件、校正并恢复输电设施原有性能等计划停运状态。

2）小修停运状态：指输电设施处于局部修理、更换或修复普通零部件、调整部分机构和精度、校正并恢复输电设施原有的性能等计划停运状态。

3）试验停运状态：指输电设施处于试验技术性能、预定功能的计划停运状态。

4）清扫停运状态：指输电设施处于清扫外绝缘污秽的计划停运状态。

5）改造施工停运状态：指输电设施处于因满足电网发展、配合基础设施建设等需要，对预定功能、结构、安装位置等规定性能进行调整的计划停运状态。改造施工可细分为技术改造、电网建设和基础设施建设（包括市政、用户）需要进行的改造施工。

（2）非计划停运状态：输电设施处于未按照指定的时间表停止发挥规定功能的状态。分为第一类非计划停运状态、第二类非计划停运状态、第三类非计划停运状态和第四类非计划停运状态。

1）第一类非计划停运状态：指设施处于从可用立即改变到不可用的非计划停运状态。主要包括故障跳闸。如某线路因遭雷击跳闸，则该线路应记为第一类非计划停运。

2）第二类非计划停运状态：指设施处于虽非立即停运，但在24h以内从可用改变到不可用的非计划停运状态（从向调度申请开始计时）。主要包括危急缺陷、紧急拉停。如某线路光缆脱落，在向调度申请后，检修人员24h内进行了停电处理，则该线路记为第二类非计划停运。

3）第三类非计划停运状态：设施处于延迟至24h以后，从可用改变到不可用的非计划停运状态。如某设施发生了一般缺陷，在无法延迟至申报下月度停电计划的情况下，检修人员在发现缺陷 24h 后对该设施进行了停电处理，则该设施记为第三类非计划停运。

4）第四类非计划停运状态：对计划停运的各类设施，若不能如期恢复其可用状态，超过预定计划时间的停运部分。计划停运时间为调度最初批准的停运时间。处于备用状态的设施，经调度批准进行检修工作的停运，也应记为第四类非计划停运。

5）强迫停运状态：设施的第一、第二类非计划停运均称为强迫停运。

（二）状态时间的定义

1. 可用小时

可用小时是指设施处于可用状态下的小时数，包括运行小时和备用小时。

（1）运行小时：指设施处于运行状态下的小时数。

（2）备用小时：指设施处于备用状态下的小时数，包括调度备用小时和受累备用小时。

2. 不可用小时

不可用小时是指设施处于不可用状态下的小时数，包括计划停运小时和非计划停运小时。

（1）计划停运小时：指设施处于计划停运状态下的小时数，包括大修、小修、试验、清扫和改造施工停运小时。

（2）非计划停运小时：指设施处于非计划停运状态下的小时数。包括第一、第二、第三、第四类非计划停运小时。

（3）强迫停运小时：设施处于强迫停运状态下的小时数，包括第一、第二类非计划停运小时。

3. 统计期间小时

设施处于使用状态下，根据统计需要选取期间的小时数。

（三）状态停运次数的定义

1. 计划停运次数

计划停运次数指评价期间内设施处于计划停运状态下的总次数，包括大修、小修、试验、清扫和改造施工次数。

2. 备用次数

备用次数是指评价期间内设施处于备用状态下的总次数，包括调度备用次数和受累备用次数。

3. 非计划停运次数

非计划停运次数指评价期间内设施处于非计划停运状态下的总次数，包括第一、第二、第三、第四类非计划停运次数。

4. 强迫停运次数

强迫停运次数指评价期间内设施处于强迫停运状态下的总次数，包括第一、第二类非计划停运次数。

第二节 数 据 管 理

一、基础数据管理

（一）基础数据管理要求

1. 及时性

可靠性数据管理要求各种数据填写、上报、分析的及时性，必须在上级要求的时间内按时报出各种可靠性数据和数据报告。

（1）输电设施台账应在设备投运后规定时间内通过可靠性系统完成维护。信息维护应严格按照设备铭牌和产品说明书等相关资料进行，因资料移交不全等原因造成部分信息维护不全的，必须在规定时间内补充完善。

（2）设备信息变更、退出、退出设备异地投运、报废退役等工作，必须按照设备管理部门出具的资料进行填报，并在相关工作完成后规定时间内在可靠性管理信息系统中完成维护。

2. 准确性

为确保可靠性数据的准确性，必须严格按可靠性评价规程的有关规定，做好可靠性事件的统计工作。各种数据、报告必须客观真实地反映设施（设备）的实际情况，不得违反或擅自修改规程的规定。

3. 完整性

按照计划时间注册输电可靠性数据，保证新投、变动、变更各种数据不缺项、漏项，技术参数不遗漏，确保基础数据录入的完整性，特别是可靠性的事件分析编码必须正确齐全。

（二）基础数据管理工作内容

1. 收资管理

（1）收资内容。输电设施基础数据录入前需要收集可靠性信息系统需要的相关信息，包括架空线路单线图、架空线路及电缆线路台账、线路变更单、技改大修工程设备资产信息。

（2）收资要求。输电设施基础数据资料应由管理部门等及时进行收集、整理，以便输电可靠性管理技术人员开展基础数据的维护、上报工作。

1）新增线路：指新投运线路，包括原有线路 T 接、Π 接等后的新线路，按照新增线路进行。输电管理处可靠性管理技术人员必须在新线路投运前做好线路台账的收集、整理工作。

2）变更线路：指对原有线路的改造，且改造后线路名称不变。改造内容主要包括导地线更换、绝缘子改造等。输电管理处可靠性管理技术人员必须在变更线路前做好变更线路台账及变更原因、时间、内容等的收集、整理工作。

3）变动线路：变动线路包括线路的退出和退役。退出指线路Π接等。按原线路停运时间直接办理退出，再重新注册新线路；对于线路 T 接，应记录 1 次停运事件，T 接后线路仍使用原代码，不应做退出处理（T 接线路整体作为一条线路处理，原线路和 T 接部分为同一电力企业维护的，仅变更线路长度；为不同电力企业维护的 T 接部分

29

按照原线路的新增段注册）。

退役指设施报废。设施的退役填写有两种情况，分别是设施到期报废、设施发生重大故障或缺陷；设施发生重大故障或缺陷导致退役按照 1 次停运事件填报。

输电管理处可靠性管理技术人员必须在线路变动前做好变动线路台账及变动原因、时间、内容等的收集、整理工作。

4）修改线路：是指线路未发生变更（变动），因统计错误等原因导致的基础数据变化，需进行基础数据修改。

5）删除线路：删除操作仅针对原数据维护错误或者重复等情况。注意若线路发生变动，需做退出或退役处理，不能直接进行删除操作。

2. 填报原则

输电线路分架空线路、电缆线路和由两者组成的混合线路。

（1）架空线路按条注册，有分支线的，分支线应随干线一并注册，线路长度为干线和分支线之和，若分支线与干线命名不同者应分别注册。

（2）电缆线路按条注册，有分支线的，分支线应随干线一并注册，线路长度为干线和分支线之和。

（3）架空线路和电缆线路组成的混合线路应分别在架空线路基础数据和电缆线路的基础数据中注册。

（4）架空线路和电缆线路均以千米（km）为单位进行注册。

（5）建成日期按线路建成之日进行注册，建成日期无法查找按投运日期进行注册。

（6）投运日期按新投、重新投运、T 接、Π接、改造的线路进行注册。

对于新投运的线路，"投运日期"即移交生产运行之日，如停下备用，"投运日期"即移交生产之日；调试完毕且运行 24h 内出现消缺任务，"投运日期"即线路消缺后重新投运移交生产之日。

对于 T 接、Π接、改造的线路，若线路名称不变，"投运日期"

不变。若线路名称改变，"投运日期"按新投运的线路要求执行。

（7）注册日期按新投、重新投运、T 接、Π 接、改造的线路进行注册。

对于新投运的线路，"注册日期"即投运日期；调试完毕且运行 24h 后，如停下备用，"注册日期"即移交生产之日；调试完毕且运行 24h 内，出现消缺任务，"注册日期"即线路消缺后重新投运移交生产之日。

对于 T 接、Π 接、改造的线路，若线路名称不变，"注册日期" 不变。若线路名称改变，"注册日期"按新投运的线路要求执行。

（8）由于退出要按 1 次停运事件填报，因此退出时间为原线路停运至新线路安装到位且具备投运条件的时间点（停运事件工作终结时间）。

（9）由于退役要按 1 次停运事件填报，因此退役时间为原线路停运至新线路安装到位且具备投运条件的时间点（停运事件工作终结时间）。

（10）线路代码按照线路编码体系原则进行注册。

（11）设计单位及施工单位的名称依据准确的台账进行注册。

（12）调度单位按照实际最高调度单位进行注册。例如，500kV 输电线路由华北电网、西北电网等区域电网单位进行调度。

（13）所在电网按照实际所在最高电网进行注册。例如，500kV 输电线路在华北电网、西北电网等区域电网。

（14）资产属性按照设施资产归属单位进行注册，直接归属公司的资产填写公司，归属地方政府或其他单位委托管理的资产，填写相应的单位。

（15）技术参数包括电压等级、导线型号、绝缘子种类、线路分段数、分段长度、最大允许电流、铁塔基数、水泥杆基数、钢管塔基数、附件信息等，按照台账内容真实、准确进行注册，参数必须填写完整。

（16）备注中要说明线路变动原因、变动时间。

（17）"安装位置及名称"填写按调度下发规定进行命名。

（18）"线路编码"及"安装位置代码"填写按编码规则进行编制。

3. 填报要求

输变电基础数据在相关设备投运后或变更、变动后，一周内完成主要设备参数维护；在完成资料交接工作后，一周内完成全部参数维护。

4. 数据维护

（1）架空线路基础数据注册。架空线路必填字段：下属单位、设备来源、区域级别、线路代码、线路名称、建成时间、投运日期、注册日期、设计单位、资产属性、所在电网、铁塔基数、线路分段数、钢管塔基数、线路长度、水泥杆基数、绝缘子数量等参数注册的准确性。

1）线路性质。

【含义】指架空线路的电源性质或连接两个电网的性质。

【规范】按照实际情况填写，如交流或直流。

2）线路代码。

【含义】指一条线路的编码。

【规范】架空线路编码共 8 位：线路码+电压等级码+区域码+各企业单位代码+后 3 位线路序号。

3）线路名称。

【含义】该线路的称谓。

【规范】以调度正式命名为准。

4）建成日期。

【含义】指该架空线路建成的日期。

【规范】占 8 个字节，前 4 位表示年度，之后 2 位表示月份，最后 2 位表示日。

5）设计单位。

【含义】设计该架空线路的单位名称。

【规范】填写该设计单位的准确全称。

6）施工单位。

【含义】施工、安装该架空线路的单位名称。

【规范】填写该施工单位的准确全称。

7）线路类别。

【含义】指该架空线路的资产归属。

【规范】按照实际情况填写。分国有和非国有。

8）玻璃绝缘子。

【含义】指该条线路中玻璃绝缘子的串数。

【规范】按照实际情况填写。

9）瓷质绝缘子。

【含义】指该条线路中瓷质绝缘子的串数。

【规范】按照实际情况填写。

10）合成绝缘子。

【含义】指该条线路中合成绝缘子的串数。

【规范】按照实际情况填写。

11）其他绝缘子。

【含义】指该条线路中其他绝缘子的串数。

【规范】按照实际情况填写。在备注中标明其他绝缘子的具体类型。

12）铁塔基数。

【含义】指该段架空线路中铁塔的基数。

【规范】按照实际情况填写。

13）线路分段数。

【含义】指架空线路根据管理分界点、T接线路进行的分段；对于导线型号不同的线段也要分段录入。

【规范】按照实际情况填写。

14）同杆并架长度。

【含义】指架空线路输送 2 回及以上回路数的线路长度。

【规范】按照实际情况填写，单位为 km。

15）钢管塔基数。

【含义】指该段架空线路中钢管塔的基数。

【规范】按照实际情况填写。

16）线路长度。

【含义】指该段架空线路的总长度。

【规范】按照实际情况填写。

17）电厂外送线。

【含义】是否为从电厂送出电量所用的架空线路。

【规范】按照实际情况填写。

18）水泥杆基数。

【含义】用水泥制成的杆塔的基数。

【规范】按照实际情况填写。

19）最大允许电流。

【含义】指架空线路内通过规定电流时，在热稳定后，架空线路导体达到长期允许工作温度时的电流数值。

【规范】按照实际情况填写。

（2）电缆线路基础数据注册。电缆线路必填字段：下属单位、设备来源、区域级别、线路代码、线路名称、建成日期、投运日期、注册日期、制造单位、资产属性、调度单位、所在电网、电缆终端头注册数据的准确性。

1）线路性质（交流）。

【含义】指电缆的电源性质。

【规范】根据实际情况填写。

2）区域级别。

【含义】指线路所跨区域。

【规范】根据实际情况填写。分为跨网线路、跨省线路、跨供电公司线路、本供电公司线路管辖线路。

3）线路代码。

【含义】指一条线路的编码。

【规范】线路编码共 8 位：线路码+电压等级码+区域码+各企业单位代码+后 3 位线路序号。

4）线路名称。

【含义】该线路的称谓。

【规范】以调度正式命名为准。

5）建成日期。

【含义】指该电缆线路建成的日期。

【规范】占 8 个字节，前 4 位表示年度，之后 2 位表示月份，最后 2 位表示日。

6）本体制造厂。

【含义】制造该电缆线路中电缆本体的单位名称。

【规范】填写制造厂商的准确全称。

7）中间头制造厂。

【含义】制造该电缆线路中电缆中间接头的单位名称。

【规范】填写制造厂商的准确全称。

8）终端头制造厂。

【含义】制造该电缆线路中电缆终端接头的单位名称。

【规范】填写制造厂商的准确全称。

9）施工单位。

【含义】施工、安装该电缆线路的单位名称。

【规范】填写施工单位的准确全称。

10）线路类别。

【含义】指该电缆线路的资产归属。

【规范】按照实际情况填写。分国有和非国有。

11）电缆根数。

【含义】指该段电缆线路中的电缆数量。

【规范】按照实际情况填写。

12）爬电比距。

【含义】电缆外绝缘的爬电距离与最高工作电压有效值之比。爬电距离是在两个导电部件之间沿固体绝缘材料表面的最短距离。

【规范】按照设备铭牌数据填写，单位为 mm/kV。

13）最大允许电流。

【含义】指当电缆内通过规定电流时，在达到热稳定后，电缆导体达到长期允许工作温度时的电流数值。

【规范】按照交接试验报告填写，单位为 A。

14）线路分段数。

【含义】指电缆线路根据管理分界点或 T 接线路进行的分段。

【规范】按照实际情况填写。

15）线路长度。

【含义】指该段电缆线路的总长度。

【规范】按照实际情况填写。

16）电缆中间头。

【含义】连接电缆与电缆导体、绝缘屏蔽层和保护层，以连接电缆线路的装置，称为电缆中间接头。

【规范】按照实际情况填写。

17）电缆终端头。

【含义】安装在电缆末端，以保证与该系统其他部分的电气连接，并保持绝缘至连接点的位置。

【规范】按照实际情况填写。

（三）基础数据管理工作流程

基础数据的收集、整理和维护一般是由供电单位的设备管理单位可靠性技术人员负责；数据维护后由输电管理处可靠性管理人员负责检查，确认和上报本企业可靠性管理部门，最终由本企业生产管理部门的可靠性专责审核后上报电科院及公司。

新增和变更数据是重点审核工作，基础数据管理工作流程图如图2-11所示。

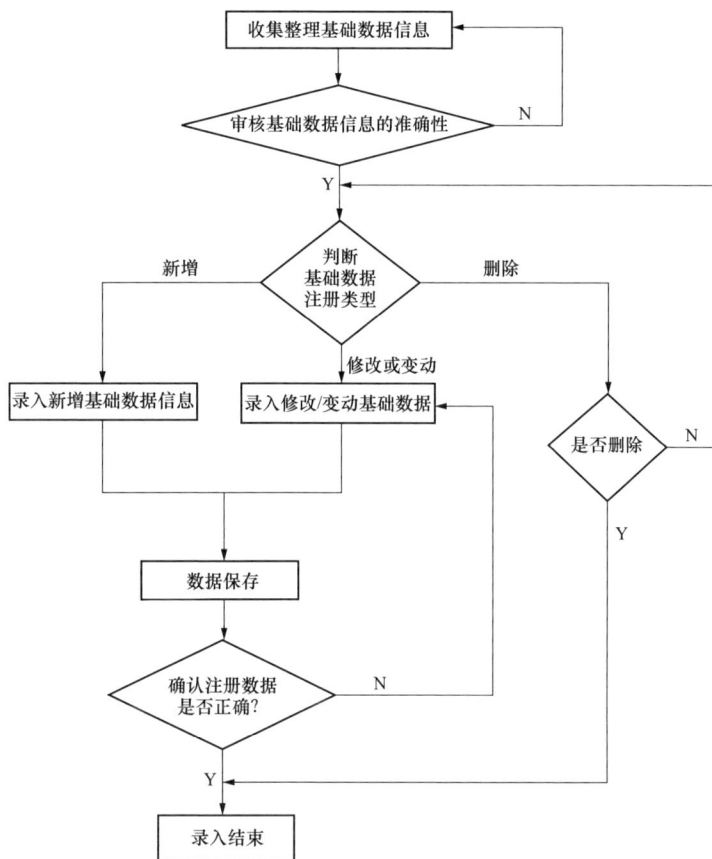

图 2-11　基础数据管理工作流程

（四）常见问题及注意事项

（1）线路长度单位不准确。架空线路和电缆线路均按千米为单位进行注册。

（2）线路性质填写不准确。架空线路的交流、直流性质必须选择准确。

（3）设备制造厂家名称填写不准确。设备制造厂家名称必须填入。

（4）控股单位、调度单位、管理单位、电网单位必须按规定填写。其中，控股单位填写直接控股的法人单位。

（5）投运日期填写错误。对于来自异地重新投运的输电设施，投运日期不变，注册日期即设施重新投入电网运行的日期。

（6）设备投退操作不规范。采用退出的方式修改错误数据；异地重新投运设施注册时没有选择设备来源。

（7）混淆"退出"与"退役"的区别。"退役"指设施报废，不会再投入电网使用；"退出"一般指设施离开原安装位置，经过返厂检修或其他形式检修等过程，一段时间后可能会重新投入使用。

二、运行数据管理

（一）运行数据管理要求

数据填报必须遵循"三性"的原则，即及时性、准确性、完整性。输电线路运行数据要求按周进行上报：

（1）每周五下午 18:00 前完成本周输电设备运行数据维护。

（2）每月最后一天 18:00 前完成本月输电设备运行数据的维护。报送企业发现数据有误需要更正时，应及时以书面形式说明原因。电科院依据各供电公司数据汇总，在月初核对上月数据及时率情况，上报公司。

（二）运行数据工作内容

输电设施可靠性运行数据由相关编码和运行事件描述参数构成，包括设施的位置属性、运行事件的时间属性、可靠性状态属性、事件属性等信息。相关编码在基础数据维护过程中已经完成，运行数据通过这些编码与设施相关联。运行数据的统计主要包括可靠性状态分类、停运事件分类、停运事件的定性、停运事件时间的统计等。运行数据的管理就是收集、整理、维护及审核。

1. 收集与整理

运行数据的收集和整理要求对设施的运行信息进行收集，按照一定的格式进行整理。数据收集的主要内容包括：

（1）生产工作计划。年度、季度、月度生产计划。

（2）调度运行记录。设施运行数据记录时间范围内的（一般为本周或本月）调度运行日志。

（3）工作票。设施运行数据记录时间范围内的（一般为本周或本月）工作票及工作票记录等。

（4）操作票。设施运行数据记录时间范围内的（一般为本周或本月）操作票及操作票记录等。

（5）检修记录。设施运行数据记录时间范围内的（一般为本周或本月）设施检修记录。

（6）带电作业工作票。

（7）缺陷记录。

（8）抢修单。

（9）故障分析报告。

根据收集到的以上信息，应先进行数据的初步整理。

2. 填报原则

（1）跨月事件按月分段录入事件，要求跨月事件时间的维护，截止时间按月末最后一天的 24:00，接续上一事件相应的时间，以 1 日 00:00 开始直到事件结束。跨月事件只录入一条记录，下个月录入上个月持续的跨月事件时只调出上个月的跨月事件，对相应的终止时间进行修改即可（事件的起始时间不允许修改）。

（2）设施可用状态下调度备用及受累备用时间录入依据设施开始时间、恢复运行时间点进行；带电作业事件时间录入依据设施许可开工时间、工作票终结时间点进行。

（3）设施不可用状态下计划停运"状态"事件（大修、小修、试验、清扫、改造施工）的时间录入依据设备停运时间、许可开工时间、工作终结时间、恢复运行时间进行；非计划停运"状态"事件第一类停运事件、第二类停运事件的时间录入依据设备停运时间、向调度报备用时间、恢复运行时间进行；第三类停运事件、第四类停运事件的时间录入依据设备停运时间、许可开工时间、工作终结时间、恢复运行时间进行。

（4）线路带电作业的设施停运次数及其停运时间均为零，但要记录带电作业起、止时间和事件编码、备注原因。

（5）架空线路（包括充电空载线路）发生跳闸，无论自动重合是否成功，均应填报事件。

（6）运行事件的填报依据必须以变电站或线路单位现场操作票、工作票、值班日志、检修记录等原始记录为准。

（7）有检修工作的设备，以工作票上"许可开始工作时间"至"工作结束时间"之间的持续时间作为统计停电时间。当同一设备停电同时有几张工作票时，"停电开始时间"以各工作票中许可开工时间最早的为准，"停电结束时间"以各工作票中工作结束时间最晚的为准。

（8）综合检修票的统计。若各设备检修时间不一致，以工作票（分工作票）上分别标注的各设备"许可开始工作时间"至"工作结束时间"为准。若上述记录均没有，则以综合工作票上的"许可开始工作时间"至"工作结束时间"为准。同时停运但无检修工作的设备，按"受累备用"统计，统计时间以综合工作票上的"许可开始工作时间"至"工作结束时间"为准。

（9）由于其他电力设施故障引起的输电设施停运，若该设施发生损坏的，该设施按"非计划停运"统计；若该设施未发生损坏的，该设施按"受累备用"统计。

（10）对于分段管理的线路，若发生非计划停运，故障点所在线路段的运行维护单位按"非计划停运"统计，非故障点所在线路段的运行维护单位按"受累备用"统计。若无法判定故障点的，各线路段的运行维护单位均按"非计划停运"统计。

分段管理线路进行计划检修作业的，按实际检修情况，进行检修作业的线路段均按"计划停运"统计，未进行检修作业的线路段按"受累备用"统计。

（11）混合线路，若发生非计划停运，故障点在架空线路段，架空线路按"非计划停运"统计，电缆线路按"受累备用"统计；故障点在电缆线路段的电缆线路按"非计划停运"统计，架空线路按"受累备用"统计。

混合线路进行计划检修作业的，按实际检修情况，进行检修作业的线路段均按"计划停运"统计，未进行检修作业的线路段按"受累备用"统计。

（12）名称不同的 T 接线路，若发生非计划停运，故障点在主线路段的主线路按"非计划停运"统计，分支线路段按"受累备用"统计；故障点在分支线路段的分支线路按"非计划停运"统计，主线路段按"受累备用"统计。

名称不同的 T 接线路进行计划检修作业的，按实际检修情况，进行检修作业的线路段均按"计划停运"统计，未进行检修作业的线路段按"受累备用"统计。

（13）输电线路停送电时间以调度日志或操作票为准。

（14）各类设施的备注字段均应填写。

3. 数据维护

（1）维护说明。

1）线路运行数据的时间属性由设备停运时间、许可开工时间、工作终结时间、恢复送电时间、作业前备用时间、作业持续时间、作业后备用时间组成。

线路运行数据的状态属性由状态分类和停运分类组成。

线路运行数据的事件属性由特殊原因、责任原因、技术原因组成。

线路运行数据的其他属性由任务描述、任务号、电压等级、天气状况、备注说明组成。

2）任务号填写工作票、调度申请票编号或事故抢修单的编号，任务描述填写计划停运中的任务号录入对应的任务描述为该项工作的主要内容描述。

（2）设施停运事件性质的判断。

1）计划停运事件的判断。

a．为分析方便，可以将日常生产中的经常性的停运事件（此处指列入年度、季度、月度计划，不包括周计划的停电事件）进行归类，如设施改造、整体性检修、局部性检修、常规性检修、消缺性检修等。可靠性统计将这些日常生产中的计划停运事件分为改造施工、大修、小修、试验、清扫。为了可靠性统计分析需要，将其中的改造施工划分为三类，即技术改造、基础设施建设和电网建设。其中，技术改造是指利用国内外成熟、适用的先进技术，以提高安全性、可靠性、经济性和满足节能降耗要求，并增加生产能力，提高设备性能或延长使用年限而进行完善、配套和改造。如线路因本身原因进行的调爬、防风偏等方面的改造。基础设施建设是指政府或企业的基础设施建设。如铁路、公路建设改造和房地产开发等原因进行的各类改造施工。电网建设是指服务于扩大内需，加大基础设施的建设，科学规划、精益建设，全面提升电网供电能力的建设工作。

b．日常生产中还有一些停电事件如线路搭接，记为改造。

c．一般情况下，处理缺陷是指消除对影响电网安全运行的一般、严重、危急缺陷的活动过程；周期性试验（校验）指为了提高设备运行的可靠性和健康水平，切实减少设备零部件的损坏，保证电网更加安全、稳定运行，周期性进行日常检定、校验、维修和技术改进等工作。

2）非计划停运事件的判断。非计划停运事件主要指日常生产中的异常停运事件，如故障跳闸、故障拉停、未列入计划的设施消缺或检修。可靠性统计将这些日常生产中的异常停运事件分为第一、二、三、四类非计划停运。

3）备用停运事件的判断。备用状态是指输电设施可用，但未发挥规定功能的状态。分为调度备用状态和受累备用状态。

输电设施在检修作业时会产生备用停运事件，包括作业前、后的受累备用。

（3）设施停运事件时间的判断。设施停运事件时间统计的依据为运行日志、工作票、操作票。

1）计划停运事件的时间统计。输电设施计划停运的起始时间按工作票的"许可开始工作时间"统计，终止时间按工作票的"工作终结时间"统计。

对于有T接线路分段检修输电线路的时间统计时，前后的搭接工作与中间的检修工作按计划停运事件1次统计，停运时间为搭接工作时间加上按线路长度折算的检修工作时间之和。计划停运时间的选择见表2-7。

表 2-7　　　　　计划停运（大修、小修、试验、清扫和
改造施工）时间选择

时间	时间选择依据
设备停运时间	停电操作票上"操作开始时间"
许可开工时间	工作票上"许可开始工作时间"
工作终结时间	工作票上"工作终结时间"
恢复运行时间	送电操作票上"操作结束时间"

2）非计划停运事件的时间统计。

a．线路第一类非计划停运（故障跳闸）。停运时间按照调度记录上的"设备停运时间"至"向调度正式报备用时间"为准。如输电线路发生跳闸自动重合闸成功：记录的开始及结束时间均为调度运行日志记录的跳闸时间；输电线路发生跳闸自动重合闸失败（强送成功）：按照调度记录上的"设备停运时间"至"强送成功时间"为准；输电线路发生跳闸自动重合闸失败（强送失败）：按照调度记录上的"设备停运时间"至"向调度正式报备用时间"为准。第一类非计划停运（重合成功）和（重合不成功）时间选择分别见表2-8和表2-9。

43

表 2-8   第一类非计划停运（重合成功）时间选择

时间	时间选择依据
设备停运时间	调度日志记录上"输电线路跳闸时间"
向调度报备用时间	调度日志记录上"输电线路跳闸时间"
恢复运行时间	调度日志记录上"输电线路跳闸时间"

表 2-9   第一类非计划停运（重合不成功）时间选择

时间	时间选择依据
设备停运时间	调度日志记录上"输电线路跳闸时间"
向调度报备用时间	故障处理完成时间（工作终结时间）
恢复运行时间	调度日志的上"送电结束时间"

b．线路第二类非计划停运（危急缺陷、紧急拉停）。按照调度记录上的"设备停运时间"至"向调度正式报备用时间"为准。第二类非计划停运时间选择见表 2-10。

表 2-10   第二类非计划停运时间选择

时间	时间选择依据
设备停运时间	调度日志记录上"设备停运时间"
向调度报备用时间	故障处理完成时间（工作终结时间）
恢复运行时间	变电站送电操作票上"操作结束时间"

c．线路第三类非计划停运（消缺性检修）。从工作票上的"许可开始工作时间"至工作票上的"工作终结时间"为止。第三类非计划停运时间选择见表 2-11。

表 2-11   第三类非计划停运时间选择

时间	时间选择依据
设备停运时间	停电操作票"操作开始时间"
许可开工时间	工作票上的"许可开始工作时间"
工作终结时间	工作票上的"工作终结时间"
恢复运行时间	送电操作票上的"操作结束时间"

d. 线路第四类非计划停运（计划检修工作延期）。从调度批准的设施停运结束时间至工作票上的"工作终结时间"为止。第四类非计划停运（计划检修超期部分）时间选择见表 2-12。

表 2-12　第四类非计划停运（计划检修超期部分）时间选择

计划检修部分	时间选择依据
设备停运时间	停电操作票"操作开始时间"
许可开工时间	工作票上的"许可开始工作时间"
工作终结时间	工作票上的"计划工作结束时间"
恢复运行时间	工作票上的"计划工作结束时间"
计划检修超期部分	时间选择依据
设备停运时间	工作票上的"计划工作结束时间"
许可开工时间	工作票上的"计划工作结束时间"
工作终结时间	工作票上的"工作终结时间"
恢复运行时间	送电操作票上的"操作结束时间"

3）备用停运事件的时间统计。对于架空线路和电缆线路，应严格按照《输变电设施可靠性评价规程》的要求填报设施的运行事件和原因。备用时间统计从设施停役操作票"操作开始时间"开始至复役操作票"操作结束时间"为止。

4）输电设施在检修作业时产生的备用停运事件也应维护，时间统计包括检修前备用停运时间和检修后备用停运时间。检修前备用停运时间按从设施停役操作票"操作开始时间"至工作票上的"许可开始工作时间"为止进行统计；检修后备用停运时间按从工作票上的"工作终结时间"开始至复役操作票"操作结束时间"为止进行统计。备用停运时间选择见表 2-13。

表 2-13　　备用停运（调度备用和受累备用）时间选择

时间	时间选择依据
停备开始时间	停电操作票上"操作开始时间"
恢复运行时间	送电操作票上"操作结束时间"

5）带电作业。在输电线路带电的情况下，对输电线路进行维护、更换部件和消除缺陷的作业。带电作业属于运行状态，应列入统计范畴，此时输电线路停运次数及停运时间均为零。带电作业要完整填写停电设备、技术原因、责任原因。

带电作业时间"许可开工时间"和"工作票终结时间"为线路带电作业工作票的许可工作时间和工作终结时间。带电作业时间选择见表 2-14。

表 2-14   带电作业时间选择

时间	时间选择依据
许可开工时间	带电作业工作票上的"许可开始工作时间"
工作票终结时间	带电作业工作票上的"工作票终结时间"

6）对于有 T 接线路分段检修情况的时间统计。T 接线路分段检修事件，前后的搭接工作和中间的检修工作按计划停运 1 次统计，停运时间为搭接工作时间加上按线路长度折算的检修工作时间。

例如：某线路有一段 T 接线路，长度为 15km，线路总长度（包括 T 接线路长度）为 30km，该线路的 T 接线段进行检修，检修时间为 6h，检修前后搭接时间各为 2h，统计时 T 接线段进行检修的工作时间应按照 T 接线段线路长度与线路总长度折算。T 接线段的检修时间为 6×（15÷30）=3（h），该线路总工作时间应为按线路长度折算的检修工作时间与检修前后的搭接工作时间之和，为 2+3+2=7（h）。

T 接线段工作票的"许可开始工作时间"为 2020 年 5 月 12 日 10:00，"工作终结时间"为 2020 年 5 月 12 日 16:00。

T 接线段拆头工作票的"许可开始工作时间"为 2020 年 5 月 12 日 8:00，"工作终结时间"为 2020 年 5 月 12 日 10:00。

T 接线段搭头工作票的"许可开始工作时间"为 2020 年 5 月 12 日 16:00，"工作终结时间"为 2020 年 5 月 12 日 18:00。

此线路检修停电的"工作许可时间"应填写 2020 年 5 月 12 日 8:00，"工作终结时间"为 2020 年 5 月 12 日 15:00。

时间分段如图 2-12 所示。

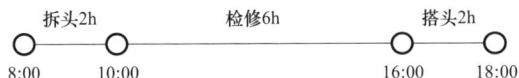

图 2-12 时间分段

线路计划停运一次，时间为 2+6×（15÷30）+2=7（h）。

（4）设施停运事件技术原因、责任原因的判断。

1）停电技术原因。停电技术原因按照停电设备的类别、部位分别选择（试验和清扫工作不需选择技术原因）。

2）停电责任原因。停电责任原因是用来描述输电设施停电的责任和原因。同时进行多项检修工作的，按照停电检修时间最长的工作选择停电责任原因。目前，输电设施可靠性系统的责任原因按具体情况，统一划分为规划因素、物资因素、建设因素、检修因素、运行因素、外部因素、自然因素、原因待查八大类。各类停电责任原因分类如下：

a．规划因素。由于在电力生产过程中发生因规划、设计不周引起的设备停役。主要包括由于规划设计标准低于电网发展需要和规划设计不合理、设备选型不当而引起的设备投运后的非计划停运。

b．物资因素。由于在电力生产过程中发生因产品质量不良等引起的设备停役。主要包括设备本身的结构设计、制造工艺、试验不符合标准、部件材料选择等不合格造成的非计划停运。

c．建设因素。由于在电力生产过程中发生因施工安装不良等引起的设备停役。主要由于施工人员未按设计要求施工、施工人员安装工艺不过关、施工人员责任心不强，安装过程中出现漏装、错装、遗留异物等而引起的设备投运后的非计划停运和由于土建基础不良（倾斜、损伤、损坏、裂纹、开裂、开焊、沉陷等）而引起的设备投运后的非计划停运。

d．检修因素。由于在电力生产过程中发生因检修质量不良等引起的设备停役。主要由于检修人员在检修工作中出现错装、错接、安装工艺不过关、检修完成后异物遗留在设备中、检修工作中出现漏项、调整试验不当、消缺不及时等原因而引起的设备投运后的非计划停运。

e．运行因素。由于在电力生产过程中发生因运行不当、管理不当、调度不当等引起的设备停役。

a）运行不当。主要由于运行人员误碰运行设备、违章误登运行设备杆塔、巡视不到位、监视和调控不当、误操作，运维人员维护不到位等原因而引起的非计划停运，包括由于运维人员维护不到位或其他原因造成带电导线和树木电气距离不足产生放电而引起的树线矛盾。

b）管理不当。由于运维管理工作落实不力、没有按规定时间及时消缺、计划安排不当等引起的非计划停运，包括地市级供电企业组织或由其管理的转包工程的施工，由于管理不善如调度管理和指挥管理不当等原因引起的非计划停运。

c）调度不当。主要是由于调度人员误调度、误整定而引起的非计划停运。

f．外部因素。由于外力影响、动物、电力系统影响、其他设备和二次设备影响等引起的设备非计划停运。

其中，外力影响指外部火灾、爆炸、盗窃、交通运输碰撞、电信影响、外部施工、外部环境不良（如高空坠物、风等、空中飘浮、火灾）和农业生产等原因引起的非计划停运；其中外部施工是指非地市级供电企业组织和管理的施工由于管理不善，如施工机械碰撞、挖断、与运行设备安全距离不符合规程要求、施工抛物、采空区塌陷等情况。如发现架空线路上有风筝需要停电进行处理，责任原因就是外力影响。动物影响指由动物活动而引起的非计划停运。电力系统影响指由于其他设备如直流输电系统故障、输电线路和变电设施限制、输电设施检修、系统电源不足等而引起本设备非计划停运；如发电厂的其他机组影响设备的非计划停运，责任原因就是电力系统影响。二次设备影响指由于二次系统故障引起的非计划停运。

　　g．自然因素。由于局部小范围的天气因素或大面积的自然灾害造成的非计划停运。自然因素包括：雷害（指由于雷害造成的设备绝缘击穿、闪络等原因而引起的非计划停运）、大风（指由于大风造成导线舞动、设备倾覆、移位等而引起的非计划停运）、大雾（指由于大雾造成设备闪络而引起的非计划停运）、大雨（指由于大雨造成设备绝缘击穿、闪络而引起的非计划停运，或大雨引起山体滑坡造成杆塔倾覆、设备淹埋等而引起的非计划停运，包括泥石流、山体滑坡）、高温（指由于大气环境温度过高而造成的非计划停运）、台风（指由于台风造成导线舞动、设备倾覆、移位等而引起的非计划停运）、洪水（指由于30年及以上一遇的洪水造成设备损坏、淹埋而引起的非计划停运）、冰（雹、雪）灾（指由于冰、雪造成导线断裂、变形而引起的非计划停运，或覆冰造成设备绝缘击穿、闪络、断线而引起的非计划停运）、地震（指由于地震造成设备损坏而引起的非计划停运）、其他自然因素（指除上述以外的自然因素而引起的非计划停运，如沙尘暴等造成设备闪络、绝缘击穿、设备损坏引起的非计划停运）。

　　h．待查。设备非计划停运责任原因不清或原因未查明，对于非计划停运责任原因填写"待查"的事件，应于报出数据后的一个月内查实并更正。

　　（5）设施停运事件备注的填写。所有运行数据都需要在备注中用文字说明停电的相关信息。填写外部停电和自然灾害、气候因素等责任原因和停电信息选项中有"其他"时，必须在备注中注明详细信息。所有非计划停运事件均应在备注中填写事件详细原因。

　　（三）运行数据审核

　　输电管理处可靠性技术人员在每周运行数据录入完毕后，要及时对运行数据逐条逐项进行审核。实现自动采集后，各单位应于每月 5 日前完成上月电力可靠性数据自查与校核，保障数据质量。重点审核停运事件的定性、停运事件的起止时间和停运事件的编码。

公司可靠性管理人员在规定的时间内对上报数据进行审核，审核后锁定上月的运行数据。公司锁定时间内的运行数据填报有错误或漏报的数据，进行数据的修改或补录时要经过地区公司和公司的审批，同时应以书面形式说明原因。

（四）运行数据管理工作流程

（1）运行数据管理工作流程如图 2-13 所示。

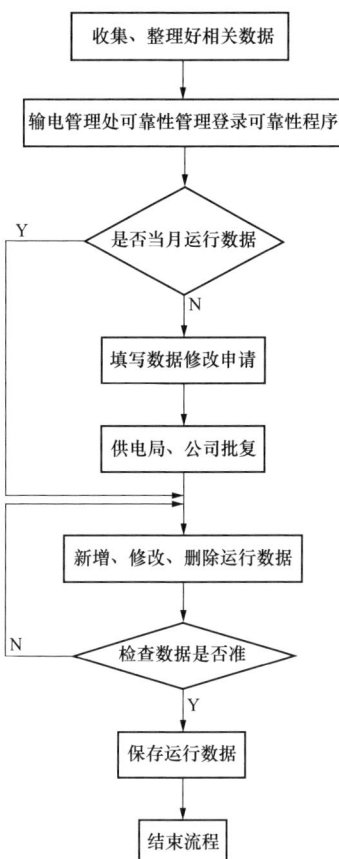

图 2-13　运行数据管理工作流程

（2）运行事件录入流程如图 2-14 所示。

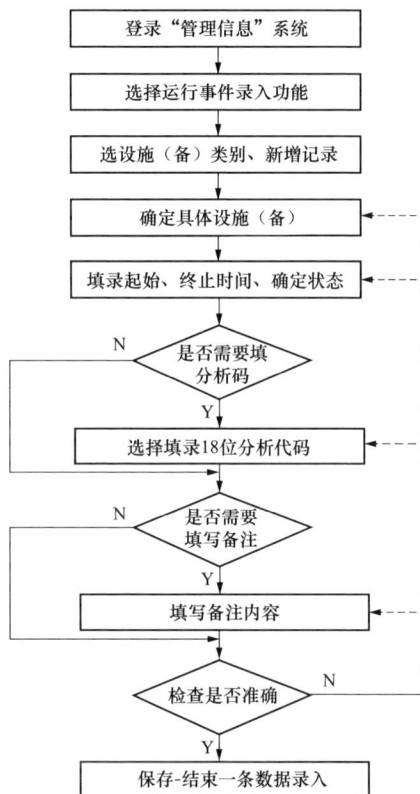

图 2-14 运行事件录入流程

（五）常见问题

（1）填写运行事件时，选择设备错误，未选择到最末项。

（2）事件状态分类定性不准确。

（3）事件时间选择不正确。

（4）事件代码填写不准确。

（5）线路带电作业的设施停运次数及其停运时间均为零，但未记录带电作业起、止时间和事件编码、备注原因。

（6）非计划停运的技术原因按设施、部件、故障现象进行填报，责任原因定性不准确，状态分类没有进行选择。

（7）混合线路和名称不相同的 T 接线路计划停电或故障停电，无工作或故障的部分没有按"受累备用"统计。

（8）运行事件遗漏。

（六）相关范例

1. 调度备用

2022 年 11 月 6 日 19:50 调度下令 220kV 某线路由运行转冷备用（系统方式要求长期冷备用），19:54 停电开始操作，线路未恢复运行。系统录入内容见表 2-15。

表 2-15 调度备用事件数据录入

状态分类	调 度 备 用
停备开始时间	2022 年 11 月 6 日 19:54
恢复运行时间	2023 年 1 月 1 日 00:00

注意，长期备用线路需勾选是否长期备用。调度备用事件时，停电设备、技术原因、责任原因均不需要填写。

2. 受累备用

2023 年 6 月 20 日 220kV 某变电站春查预试，110kV 某线路无工作，陪停。变电站停电操作开始时间为 04:04，送电结束时间 18:52。系统录入内容见表 2-16。

表 2-16 受累备用事件数据录入

状态分类	受累备用
停备开始时间	2023 年 6 月 20 日 04:04
恢复运行时间	2023 年 6 月 20 日 18:52

注意，受累备用事件时，停电设备、技术原因、责任原因均不需要填写。

3. 带电作业

2022 年 7 月 8 日 220kV 某线路带电作业，修复位移防震锤，带电作业票的计划工作时间为 2022 年 7 月 8 日 07:00—2022 年 7 月 9 日 18:00，许可开始时间 2022 年 7 月 8 日 07:50，工作票终结时间 2022 年 7 月 9 日 16:27。系统录入内容见表 2-17。

表 2-17　　　　　　　　带电作业事件数据录入

状态分类	带电作业
停电设备	架空线路—金具—保护金具—防震锤
技术原因	位移
责任原因	电力系统影响—输变电设施检修
许可开工时间	2022 年 7 月 8 日 07:50
工作票终结时间	2022 年 7 月 9 日 16:27

注意，输电线路二种票填写与带电作业票填写应明确区分：带电设备外壳上的工作以及无可能触及带电设备导电部分的工作情况应填写二种票。

4. 大修

2023 年 11 月 16 日 220kV 某线路导线更换大修，变电站停电操作开始时间 11 月 16 日 06:00，送电结束时间 11 月 17 日 22:54，线路第一种工作票计划工作时间为 2023 年 11 月 16 日 07:00—2023 年 11 月 17 日 22:00，许可时间为 2023 年 11 月 16 日 07:19，工作结束时间为 2023 年 11 月 17 日 18:14。系统录入内容见表 2-18。

表 2-18　　　　　　　　大修事件数据录入

状态分类	大修
停电设备	架空线路—导线—导线本体—钢芯铝绞线
技术原因	地距不够
责任原因	电力系统影响—输变电设施检修
停备开始时间	2023 年 11 月 16 日 06:00
许可开工时间	2023 年 11 月 16 日 07:19

工作终结时间	2023 年 11 月 17 日 18:14
恢复运行时间	2023 年 11 月 17 日 22:54
任务描述	68#-69#导线更换大修

5. 小修

2020 年 4 月 15 日 110kV 某线路停电检修，补装开口销。变电站停电操作开始时间 4 月 15 日 07:14，送电结束时间 4 月 15 日 14:52，线路第一种工作票计划工作时间为 2020 年 4 月 15 日 08:00—14:00，许可时间为 2020 年 4 月 15 日 08:44，工作结束时间为 2020 年 4 月 15 日 13:57。系统录入内容见表 2-19。

表 2-19　　　　　　　　　　**小修事件数据录入**

状态分类	小修
停电设备	架空线路—金具—悬垂线夹—悬垂线夹
技术原因	缺失
责任原因	电力系统影响—输变电设施检修
停备开始时间	2020 年 4 月 15 日 07:14
许可开工时间	2020 年 4 月 15 日 08:44
工作终结时间	2020 年 4 月 15 日 13:57
恢复运行时间	2020 年 4 月 15 日 14:52
任务描述	补装开口销

6. 清扫、跨月事件

2022 年 8 月 31 日—9 月 2 日对 110kV 某线路进行清扫，线路停电操作开始时间为 8 月 31 日 07:00，送电结束时间为 9 月 2 日 14:07，线路第一种工作票计划工作时间 2022 年 8 月 31 日 06:30—2022 年 9 月 2 日 15:30，工作许可时间为 8 月 31 日 07:20，工作结束时间为 9 月 2 日 13:06。系统录入内容见表 2-20。

表 2-20 清扫、跨月事件录入

状态分类	清扫
停备开始时间	2022 年 8 月 31 日 07:00
许可开工时间	2022 年 8 月 31 日 07:20
工作终结时间	2022 年 9 月 2 日 13:06（单击"跨月"按钮）
恢复运行时间	2022 年 9 月 2 日 14:07（单击"跨月"按钮）
任务描述	绝缘子清扫

注意，清扫事件的停电设备、技术原因、责任原因均不需要填写。

7. 改造施工

2012 年 10 月 10 日 220kV 某线路因高速公路跨越建设对地距离不够需要进行改造，变电站停电操作开始时间 05:00，送电结束时间 20:22，线路第一种工作票的工作计划工作时间为 2012 年 10 月 10 日 04:30—21:00，许可时间为 05:03，工作结束时间为 19:50。系统录入内容见表 2-21。

表 2-21 改造施工时间数据录入

状态分类	改造施工
停电设备	架空线路—导线—导线本体—钢芯铝绞线
技术原因	地距不够
责任原因	电力系统影响—输变电设施检修
停备开始时间	2012 年 10 月 10 日 05:00
许可开工时间	2012 年 10 月 10 日 05:03
工作终结时间	2012 年 10 月 10 日 19:50
恢复运行时间	2012 年 10 月 10 日 20:22
任务描述	46#—47#与高速公路交叉跨越改造

8. 第一类非计划停运

（1）2023 年 6 月 11 日 00:22 220kV 某线路鸟害引起跳闸，重合成功，403#塔中相绝缘子鸟害。系统录入内容见表 2-22。

表 2-22   **第一类非计划停运事件录入**

状态分类	第一类非计划停运
停电设备	架空线路—绝缘子—瓷质绝缘子—绝缘子
技术原因	损伤
责任原因	动物事故—鸟害
停备开始时间	2023 年 6 月 11 日 00:22
向调度报备用时间	2023 年 6 月 11 日 00:22
恢复运行时间	2023 年 6 月 11 日 00:22
备注说明	403#塔中相鸟害

（2）2012 年 6 月 29 日 07:06 220kV 某线路由于公路施工吊车吊装操作人员操作不当导致线路 A 相导线对吊车大臂的安全距离不够，发生间隙放电跳闸，重合不成功，向调度报备用时间 07:16，08:10 试送电成功。系统录入内容见表 2-23。

表 2-23   **第一类非计划停运事件录入**

状态分类	第一类非计划停运
停电设备	架空线路—导线—导线本体—钢芯铝绞线
技术原因	其他
责任原因	外力损坏—外部人员过失
停备开始时间	2012 年 6 月 29 日 07:06
向调度报备用时间	2012 年 6 月 29 日 07:16
恢复运行时间	2012 年 6 月 29 日 08:10
备注说明	简要说明故障经过

（3）2013 年 4 月 2 日 13:54 110kV 某线路因大风天气引起 27#—

28#C 相导线对低压电杆发生风偏，C 相放电跳闸，重合不成功，14:21 试送不成功。21:00 故障处理结束向调度报备，21:21 恢复送电。系统录入内容见表 2-24。

表 2-24   第一类非计划停运事件录入

状态分类	第一类非计划停运
停电设备	架空线路—导线—导线本体—钢芯铝绞线
技术原因	风偏放电
责任原因	气候因素—大风
停备开始时间	2013 年 4 月 2 日 13:54
向调度报备用时间	2013 年 4 月 2 日 21:00
恢复运行时间	2013 年 4 月 2 日 21:21
备注说明	大风天气引起 27#—28#C 相导线对低压电杆风偏

9. 第二类非计划停运（危急缺陷处理）

2014 年 11 月 3 日，220kV 某线路发现危急缺陷，采空区绝缘子上拔，当天申请停电处理。11 月 3 日 08:28 停电进行复位处理，13:30 处理结束向调度报备，13:48 恢复送电。没有列入月度检修计划，不能延迟到 24 小时后停运。系统录入内容见表 2-25。

表 2-25   第二类非计划停运事件录入

状态分类	第二类非计划停运
停电设备	架空线路—绝缘子—合成绝缘子—其他
技术原因	位移
责任原因	电力系统影响—输变电设施检修
停备开始时间	2014 年 11 月 3 日 08:28
向调度报备用时间	2014 年 11 月 3 日 13:30
恢复运行时间	2014 年 11 月 3 日 13:48
备注说明	220kV 某线路 11 月 3 日采空区杆塔移位，复位绝缘子串

10. 第三类非计划停运（严重及危急缺陷处理）

2014 年 7 月 22 日，220kV 某线路发现严重缺陷，采空区绝缘子上拔，申请停电处理。7 月 23 日 09:30 停电进行复位处理，工作许可时间 09:31，17:57 工作结束，19:46 恢复送电。没有列入月度检修计划，能延迟到 24 小时后停运。系统录入内容见表 2-26。

表 2-26　　　　　　　　第三类非计划停运事件录入

状态分类	第三类非计划停运
停电设备	架空线路—绝缘子—合成绝缘子—其他
技术原因	位移
责任原因	规划、设计不周—布置不当
停备开始时间	2014 年 7 月 23 日 09:30
许可开工时间	2014 年 7 月 23 日 09:31
工作终结时间	2014 年 7 月 23 日 17:57
恢复运行时间	2014 年 7 月 23 日 19:46
备注说明	220kV 某线路 7 月 22 日采空区绝缘子上拔，紧急处理

11. 第四类非计划停运（计划检修超时）

2019 年 3 月 10 日计划停电对 110kV 某线路进行清扫，工作票计划时间为 2019 年 3 月 10 日 07:00—17:00，线路停电操作开始时间为 3 月 10 日 07:10，许可开工时间为 3 月 10 日 07:25 分，因天气下雪，工作终结时间为 3 月 11 日 15:30，恢复送电时间为 3 月 11 日 16:45。系统录入内容分为两条记录:清扫和第四类非计划停运,分别见表 2-27 和表 2-28。

表 2-27　　　　　　　计划检修超时事件录入（清扫）

状态分类	清扫
停备开始时间	2019 年 3 月 10 日 07:10
许可开工时间	2019 年 3 月 10 日 07:25

续表

工作终结时间	2019 年 3 月 10 日 17:00
恢复运行时间	2019 年 3 月 10 日 17:00
任务描述	绝缘子清扫

规程规定，计划工作延期部分属于第四类非计划停运，要分为两部分录入，第一部分为计划工作，工作终结时间和恢复运行时间为工作票上的工作计划终结时间；第二部分为第四类非计划停运，设备停运时间和许可开工时间为工作票上的工作计划终结时间。

表 2-28 计划检修超时事件录入（第四类非计划停运）

状态分类	第四类非计划停运
停电设备	架空线路—绝缘子—瓷质绝缘子—绝缘子
技术原因	其他
责任原因	气候因素—其他气候因素
停备开始时间	2019 年 3 月 10 日 17:00
许可开工时间	2019 年 3 月 10 日 17:00
工作终结时间	2019 年 3 月 11 日 15:30
恢复运行时间	2019 年 3 月 11 日 16:45
天气状况	大雪
任务描述	绝缘子清扫

第三节 指标计算与应用

输电设施可靠性指标以大量事件积累和生产事实为基础，反映了电网结构、设施装备和管理水平的高低，是深入掌握输电线路在电力系统中运行状况的主要手段，是对输电线路是否可用的量化描述，是规划设计、物资采购、基建建设、调度运行、运维检修等各个环节综合水平的度量，是衡量输变电设施技术状况的主要依据，为制定电力系统有关的可靠性准则提供依据。

一、指标分类

输电线路可靠性指标可以由"可靠性信息系统"根据录入的基础数据和运行数据计算生成，其可靠性的统计评价指标主要可分为时间类指标、比例类指标和次数类指标三种。输电线路可靠性指标与其他设备类似，应注意输电线路可靠性指标在计算方法和统计单位上与其他设备类指标略有不同，架空线路，一般按照 100km 或条统计；电缆线路，按 km 或条统计。

二、指标定义

（一）时间类定义

（1）持续时间 DT 是在时间尺度上输电线路使用状态的起始时刻和终止时刻之差。持续时间为输电线路某个使用状态从开始时刻计算，到该状态终止时刻所持续的时间长度。使用状态包括可用状态、运行状态、备用状态、计划停运状态、非计划停运状态等。

假如，某电力公司 A 线路按照月度计划于 3 月 2 日 08:20 停运进行检修工作，工作票的计划开工时间和计划结束时间段为 3 月 2 日 08:20—3 月 3 日 09:40，而工作票中的实际许可开工时间和实际结束时间为 3 月 2 日 08:20—3 月 3 日 15:50，3 月 3 日 18:30 复役。则 A 线路处于小修停运状态的持续时间为 3 月 2 日 08:20—3 月 3 日 09:40，共 25h 20min。A 线路处于第四类非计划停运状态的持续时间为 3 月 3 日 09:40—15:50，共 6h 10min。

（2）累积时间 AT 是给定时间区间内，输电线路使用状态持续时间之和。

在计算上，某类使用状态累积时间 AT 为给定时间区间内的该类同一使用状态持续时间 DT 的和。

假如输电线路在 2020 年 1 月 2 日 08:00—11:00 处于检修停运状态，2 月 21 日 13:00—16:30 处于第一类非计划停运状态，3 月 20 日 09:00—3 月 21 日 11:00 处于第二类非计划停运状态，则该输电线路在第一季度的小修停运状态累积时间为 3h，非计划停运状态累积时间为第一类非计划停运持续时间 3.5h 和第二类非计划停运持续时间 26h 之和，共 29.5h。

（3）评价期间时间 PT 是根据评价需要选取的时间区段对应的持续时间。

注意，评价期间时间为评价选取的时间区段对应的小时数，与评价设施的数量无关。

假如选择 2020 年 1 月为评价期间时间，$PT=31×24=744$（h）；如果选择 2020 年第一季度为评价期间时间，$PT=(31+29+31)×24=2184$（h）；如果选择 2020 年全年为评价期间时间，因为 2020 年为闰年，全年一共 366d，$PT=366×24=8784$（h）；如果选择 2021 年全年为评价期间时间，因为 2021 年为平年，全年为 365d，$PT=365×24=8760$（h）。

（4）评价期间使用时间 PAT 是评价期间选取的输电线路处于使用状态下的持续时间之和，如下式所示。

$$PAT = \sum_j DT_j$$

式中：PAT——评价期间使用时间，h；

DT_j——评价期间第 j 条输电线路使用状态的持续时间，h。

该指标用于计算评价期间内，输电线路同一类使用状态累积时间占评价期间使用状态累积时间的比例指标（可用系数 R_1、运行系数 R_2、计划停运系数 R_7、非计划停运系数 R_{13} 和强迫停运系数 R_{18}）。

根据设施属性，以上具体计算公式又细分为单线路、同一电压等级同类多线路和不同电压等级同类多线路三种情况。以 PAT 表示评价期间使用时间，则

1）单设施：

PAT=评价期间输电线路使用状态的持续时间 DT

假如某线路于 2020 年 3 月 10 日 00:00 投入运行。

则该线路在 2020 年 3 月（3 月为 31d，744h）的使用时间段为 3

月 10 日—3 月 31 日，该线路在 3 月的使用时间 $PAT=22×24=528$（h）。

该线路在 2020 年（366d，8784h）的使用时间段为 3 月 10 日—12 月 31 日，该线路在 2020 年的使用时间 $PAT=297×24=7128$（h）。

2）同一电压等级同类多线路：

$PAT=Σ$ 评价期间某输电线路使用状态的持续时间 DT

假如某公司 2021 年 3 月 10 日 00:00 投入 10 条 220kV 线路，5 月 1 日 00:00 投入 5 条 500kV 线路。

220kV 线路在 2021 年 3 月（3 月为 31d，744h）的使用时间 $PAT=528×10=5280$（h）。

500kV 线路在 2021 年 5 月（5 月为 31d，744h）的使用时间 $PAT=744×5=3720$（h）。

220kV 线路在 2021 年全年（365d，8760h）的使用时间应该为 10 条 220kV 线路在该年使用时间总和，$PAT=7128×10=71280$（h）。

500kV 线路在 2021 全年（365d，8760h）的使用时间应该为 5 条 500kV 线路在该年使用时间总和，$PAT=5880×5=29400$（h）。

3）不同电压等级同类多设施：

$PAT=Σ$ 评价期间某电压等级输电线路使用状态的持续时间 DT

假如某公司 2021 年 3 月 10 日 00:00 投入 10 条 220kV 线路，5 月 1 日 00:00 投入 5 条 500kV 线路。则 220kV 和 500kV 线路在 2021 年（365d，8760h）的使用时间则为 15 条线路在该年的使用时间总和，$PAT=7128×10+5880×5=100680$（h）。

（5）等效设施数 N：是在评价期间内，输电线路的实际数量按照使用时间占评价期间时间比例的折算值。

$$N = \frac{PAT}{PT}$$

式中：N ——等效设施数；

PAT ——评价期间使用时间，h；

PT ——评价期间时间，h。

等效设施数 N 用于计算评价期间内，平均到每个等效线路的同一类使用状态平均次数指标 EF_k（可用率 EF_1、运行率 EF_2、备用率 EF_3、…、强迫停运率 EF_{18} 等共 18 种时间指标），和平均累积时间 ET_k（平均可用小时 ET_1、平均运行小时 ET_2、平均备用小时 ET_3、…、平均强迫停运小时 ET_{18}）。

计算多线路的等效设施数时，评价期间使用时间 PAT 为输电线路的评价期间使用时间之和，评价期间时间 PT 与设施数量无关。具体计算公式又细分为单线路、同一电压等级同类多线路和不同电压等级同类多线路三种情况。

1）单线路：

$$等效设施数 N = \frac{评价期间使用小时 PAT}{评价期间小时 PT}$$

2）同一电压等级同类多线路：

$$等效设施数 N = \frac{\sum 评价期间使用小时 PAT}{评价期间小时 PT} \quad （同等效设施的量纲）$$

3）不同电压等级同类多线路：

$$等效设施数 N = \frac{\sum 评价期间使用小时 PAT}{评价期间小时 PT} \quad （同等效设施的量纲）$$

（二）时间类指标

时间类指标按照输变电设施同一类使用状态持续时间计算方法分类，分为累积时间和平均持续时间两类。平均持续时间是评价期间内输变电设施同一类使用状态持续时间分布的平均值。

1. 累积时间

累积时间指的是评价期间内同一类使用状态的持续时间之和，按照计算方式的不同可以分为总累积时间和平均累积时间两类。

（1）总累积时间：评价期间内，输变电设施同一类使用状态的持续时间之和，公式为：

$$T_k = \sum_j \sum_i t_{ij,k}$$

式中：T_k ——输变电设施第 k 类使用状态的累计时间总数，h；

$t_{ij,k}$ ——第 j 个输变电设施第 i 次出现第 k 类使用状态的持续时间，h；

k ——输变电设施该类使用状态的序号，$1 \leqslant k \leqslant 18$。

（2）平均累积时间：评价期间内，平均每个等效设施的同一类使用状态总累积时间，公式为：

$$ET_k = \frac{T_k}{\sum_j N_j}$$

式中：ET_k ——输变电设施第 k 类使用状态的平均累积时间；

T_k ——输变电设施第 k 类使用状态的总累积时间，h；

N_j ——第 j 个输变电设施的等效设施数；

k ——输变电设施该类使用状态的序号，$1 \leqslant k \leqslant 18$。

注意，同类多输变电设施的平均累积时间可由单输变电设施的平均累积时间按各自的等效设施数加权平均计算。

2. 平均持续时间

评价期间内，输变电设施平均到每一次的同一类使用状态持续时间，公式为：

$$CST_k = \frac{T_k}{F_k}$$

式中：CST_k ——输变电设施第 k 类使用状态的平均持续时间；

T_k ——输变电设施第 k 类使用状态的总累积时间，h；

F_k ——输变电设施第 k 类使用状态总次数，次；

k ——输变电设施该类使用状态的序号，$1 \leqslant k \leqslant 18$。

注意，当输变电设施第 k 类使用状态未出现时，该状态对应的平均持续时间为 0。

（三）比例类指标

比例类指标按照同一类使用状态累积时间比值的不同，划分为使用状态累积时间比值和暴露系数。

1. 使用状态累积时间比值

评价期间内，输变电设施同一类使用状态累积时间占评价期间使用状态累积时间的比例指标，公式为

$$R_k = \frac{T_k}{PAT} \times 100\%$$

式中：R_k ——变电设施第 k 类使用状态占评价期间使用状态累积时间的比例；

$\quad\quad T_k$ ——变电设施第 k 类使用状态的总累积时间，h；

$\quad PAT$ ——评价期间使用时间，h；

$\quad\quad k$ ——输变电设施该类使用状态的序号，$k \in \{1, 2, 7, 13, 18\}$。

注意，同类多变电设施的使用状态累积时间比值可由单变电设施的使用状态累积时间比值按各自的等效设施数加权平均计算。

具体指标如下：

（1）可用系数 R_1：可用系数反映了输变电设施的可用概率，是设施在统计期间可用小时数（T_1）与评价期间小时数（PAT）的比值，通常以百分数表示。其计算公式为：

$$R_1 = \frac{可用小时数 T_1}{统计期间小时数 PAT} \times 100\%$$

不同设施类型对应数量单位分别为：架空线路，km 或条；电缆线路，km 或条。

（2）运行系数 R_2：是指在评价期间内，输变电设施运行小时数 T_2 与统计期间使用时间数 PAT 的比值，用百分比表示。反映了输电线路的运行水平，该指标直接反映出输电线路运行时间的长短。运行系数与可用系数的区别在于可用系数分子中包含了备用时间。计算公式为：

$$R_2 = \frac{运行小时数 T_2}{评价期间使用小时数 PAT} \times 100\%$$

（3）计划停运系数 R_7：是指在评价期间内，输电线路计划停运小时数 T_7 与评价期间使用时间数 PAT 的比值，用百分比表示。设施的计划停运系数大，说明设施检修时间较长，可能发生了较大的设施问题，或存在较大的设施改造。计算公式为：

$$R_7 = \frac{计划停运小时数T_7}{评价期间使用小时数PAT} \times 100\%$$

（4）非计划停运系数 R_{13}：是指在评价期间内，输电线路非计划停运小时数（T_{13}）与评价期间使用时间数 PAT 的比值，用百分比表示。非计划停运系数是评价电力企业生产管理的重要指标，可以直接反映出设备的运行水平、检修质量、设备管理水平等问题。计算公式为：

$$R_{13} = \frac{非计划停运小时数T_{13}}{评价期间使用小时数PAT} \times 100\%$$

（5）强迫停运系数 R_{18}：是指在评价期间内，输电线路强迫停运小时数（T_{18}）（第一类非计划停运小时（T_{14}）与第二类非计划停运小时（T_{15}）之和）与评价期间使用时间数 PAT 的比值，用百分比表示。强迫停运系数反映了四类非计划停运状态中第一、二类非计划停运时间的长短。计算公式为：

$$R_{18} = \frac{强迫停运小时数T_{18}}{评价期间使用小时数PAT} \times 100\%$$

（6）根据设施属性，以上计算公式又可细分为单线路、同一电压等级同类多线路和不同电压等级同类多线路三种情况。用 R_k 表示第 k 类使用状态占评价期间使用状态累积时间的比例，则：

1）单线路计算公式为：

$$R_k = \frac{第k类使用状态的总累积时间T_k}{评价期间使用小时数PAT} \times 100\%$$

2）同一电压等级同类多线路：可由单条线路的第 k 类使用状态

累积时间比值按各自的等效设施数 N 加权平均计算。

如果按千米计算：

$$R_k = \frac{\sum 某线路第k类使用状态的总累积时间T_k}{\sum 某线路评价期间使用小时数PAT} \times 100\%$$

$$= \frac{\sum[某线路使用状态累积时间的比例R_k \times 该线路等效设施数N]}{\sum 某线路等效设施数N}\%$$

如果按条计算：

$$R_k = \frac{\sum 某线路第k类使用状态的总累积时间T_k}{\sum 某线路评价期间使用小时数PAT} \times 100\%$$

$$= \frac{\sum[某线路使用状态累积时间的比例R_k \times 该线路等效设施数N]}{\sum 某线路等效设施数N}\%$$

3）不同电压等级多线路：可由不同电压的单条线路的第 k 类使用状态累积时间比值按各自的等效设施数加权平均计算。

如按千米计算：

$$R_k = \frac{\sum 某线路第k类使用状态的总累积时间T_k}{\sum 某线路评价期间使用小时数PAT} \times 100\%$$

$$= \frac{\sum[某电压等级线路使用状态累积时间的比例R_k \times 某线路等效设施数N]}{\sum 等效设施数N}\%$$

如果按条计算：

$$R_k = \frac{\sum 某线路第k类使用状态的总累积时间T_k}{\sum 某线路评价期间使用小时数PAT} \times 100\%$$

$$= \frac{\sum[某电压等级线路使用状态累积时间的比例R_k \times 该设施等效设施数N]}{\sum 等效设施数N}\%$$

假如 50 条线路在 2 月（672h）共有 336h 处于检修状态，评价期间小时数为 33600h，可用小时数为 33264h，则该月可用系数为：

$$R_1 = \frac{672 \times 50 - 336}{50 \times 672} \times 100\% = 99\%$$

2. 暴露系数

运行状态累积时间占可用状态累积时间的比例，公式为：

$$EXF = \frac{T_2}{T_1} \times 100\%$$

式中：EXF ——暴露系数；

T_2 ——评价期间内变电设施运行状态总累积时间，h；

T_1 ——评价期间内变电设施可用状态总累积时间，h。

（四）次数类指标

线路次数类指标按照输电线路同一类使用状态出现次数的计算方法建立指标体系，分为总次数和平均次数两类。总次数是指评价期间内同一类使用状态的出现次数之和，平均次数是指平均到每个等效设施的同一类使用状态总次数。

1. 总次数

评价期间内，输电线路同一类使用状态的出现次数之和，公式为：

$$T_k = \sum_j f_{j,k}$$

式中：F_j ——输电线路第 k 类使用状态的总次数，次；

$f_{j,k}$ ——输电线路中第 j 个出现第 k 个状态的次数，次；

k ——输变电设施该类使用状态的序号，$1 \leqslant k \leqslant 18$。

2. 平均次数

评价期间内，平均到每个等效设施的同一类使用状态总次数，公式为：

$$ET_k = \frac{F_k}{\sum_j N_j}$$

式中：ET_k ——输电线路第 k 类使用状态的平均次数；

F_k ——输电线路第 k 类使用状态的总次数，次；

N_j ——第 j 个输电线路的等效设施数；

k ——输变电设施该类使用状态的序号，$1 \leqslant k \leqslant 18$。

注意，多条输电线路的平均次数可由单输电线路的平均次数按各自的等效设施数加权平均计算。次数类指标主要介绍以下几种。

（1）计划停运率 EF_7：是在统计期间，输电线路计划停运的次数 F_7 与等效设施数 N 的比值。计划停运率是输电线路次数类常用指标之一，反映了输电线路计划停运次数的概率。

计划停运率计算公式为：

$$EF_7 = \frac{\text{计划停运总次数} F_7}{\text{等效设施数} N}$$

（2）非计划停运率 EF_{13}：是在统计期间内，输电线路非计划停运的次数 F_{13} 与等效设施数 N 的比值。非计划停运率反映了输电线路非计划停运次数的概率。

非计划停运率计算公式为：

$$EF_{13} = \frac{\text{非计划停运次数} F_{13}}{\text{等效设施数} N}$$

（3）强迫停运率 EF_{18}：是在统计期间，输电线路强迫停运次数 F_{18} 与等效设施数 N 的比值。强迫停运率反映了输电线路强迫停运次数的概率。

强迫停运率计算公式为：

$$EF_{18} = \frac{\text{强迫停运次数} F_{18}}{\text{等效设施数} N}$$

（4）不可用率 EF_6：是在统计期间，输电线路不可用次数 F_6 与等效设施数 N 的比值。不可用率运率反映了输电线路不可用次数的概率。

不可用运率计算公式为：

$$EF_6 = \frac{\sum \text{不可用运总次数} F_6}{\sum \text{等效设施数} N}$$

（5）根据线路属性，以上指标在具体计算中又可细分为单线路、同一电压等级同类多线路和不同电压等级同类多线路三种情况。可以按条计算，也可以按千米计算，以 EF_k 表示线路第 k 类使用状态的平均次数，以下公式中 N 均按千米或条计算。

1）单线路计算公式为：

$$EF_k = \frac{线路第k类使用状态的总次数F_k}{线路的等效设施数N}（次／该类设施量纲）$$

2）同一电压等级同类多线路：可由单条线路的第 k 类使用状态的平均次数 F_k 按各自的等效设施数 N 加权平均计算。

$$EF_k = \frac{\sum 某线路第k类使用状态出现的总次数F_k}{\sum 某线路的等效设施数N}$$
$$= \frac{\sum[某线路某率EF_k \times 该线路等效设施数N]}{\sum 某线路等效设施数N}（次／该类设施量纲）$$

3）不同电压等级多线路：可由不同电压等级的单条线路的第 k 类使用状态的平均次数 F_k 按各自的等效设施数 N 加权平均计算。

$$EF_k = \frac{\sum 某线路第k类使用状态出现的总次数F_k}{\sum 某线路的等效设施数N}$$
$$= \frac{\sum[某电压等级线路某率EF_k \times 该等效设施数N]}{\sum 某电压等级某线路等效设施数N}（次／该类设施量纲）$$

假如某年（非闰年）2 月 3 日 00:00，某公司新投运 5 条 220kV 线路：线路 A 长度为 100km，线路 B 长度为 110km，线路 C 长度为 120km，线路 D 长度为 140km，线路 E 长度为 150km。年内该公司线路共发生 5 次停运事件：2 月 9 日 09:00—11:00 线路 A 和 B 各发生一次第一类非计划停运，2 月 20 日 09:00—11:00 线路 C 发生一次第二类非计划停运，2 月 26 日 10:00—14:00 线路 D 和线路 E 各发生一次计划停运。

上述 5 条线路在该年 2 月（2 月取 28d，672h）的等效设施数和主要平均次数类指标计算如下。

等效设施数：

$$N = \frac{\sum 设施评价期间使用小时PAT}{评价期间小时PT} = \frac{(672-48) \times 5}{672} = 4.643（条）$$

$$或 = \frac{\sum 设施评价期间使用小时 PAT}{评价期间小时 PT}$$

$$= \frac{(672-48) \times (100+110+120+140+150)}{672}$$

$$= 575.714 (\text{km})$$

不可用率：

$$EF_6 = \frac{\sum 不可用总次数 F_6}{\sum 等效设施数 N} = \frac{5}{4.643} = 1.077 (次/条)$$

$$或 = \frac{\sum 不可用总次数 F_6}{\sum 等效设施数 N} = \frac{5}{575.714} = 0.00869 (次/\text{km})$$

计划停运率：

$$EF_7 = \frac{\sum 计划停运总次数 F_7}{\sum 等效设施数 N} = \frac{2}{4.643} = 0.431 (次/条)$$

$$或 = \frac{\sum 停运总次数 F_7}{\sum 等效设施数 N} = \frac{2}{575.714} = 0.00347 (次/\text{km})$$

非计划停运率：

$$EF_7 = \frac{\sum 非停运总次数 F_{13}}{\sum 等效设施数 N} = \frac{3}{4.643} = 0.650 (次/条)$$

$$或 = \frac{\sum 非停运总次数 F_{13}}{\sum 等效设施数 N} = \frac{3}{575.714} = 0.00521 (次/\text{km})$$

强迫停运率：

$$EF_{18} = \frac{\sum 计划停运总次数 F_{18}}{\sum 等效设施数 N} = \frac{3}{4.643} = 0.646 (次/条)$$

$$或 = \frac{\sum 计划停运总次数 F_{18}}{\sum 等效设施数 N} = \frac{3}{575.714} = 0.00521 (次/\text{km})$$

上述 5 条线路在该年一季度（一季度取 90d，2160h）的等效设施数和主要平均次数类指标计算如下。

等效设施数：

$$N = \frac{\sum 设施评价期间使用小时 PAT}{评价期间小时 PT} = \frac{[(672-48)+744] \times 5}{2160} = 3.167 (条)$$

或

$$N = \frac{\sum 设施评价期间使用小时PAT}{评价期间小时PT}$$

$$= \frac{[(672-48)+744]\times(100+110+120+140+150)}{2160}$$

$$= 392.667(\text{km})$$

不可用率：

$$EF_6 = \frac{\sum 不可用总次数F_6}{\sum 等效设施数N} = \frac{5}{3.167} = 1.579(次/条)$$

$$或 = \frac{\sum 不可用总次数F_6}{\sum 等效设施数N} = \frac{5}{392.667} = 0.0127(次/km)$$

计划停运率：

$$EF_7 = \frac{\sum 计划停运总次数F_7}{\sum 等效设施数N} = \frac{3}{3.167} = 0.632(次/条)$$

$$或 = \frac{\sum 计划停运总次数F_7}{\sum 等效设施数N} = \frac{2}{392.667} = 0.00509(次/km)$$

非计划停运率：

$$EF_7 = \frac{\sum 非计划停运总次数F_{13}}{\sum 等效设施数N} = \frac{3}{3.167} = 0.947(次/条)$$

$$或 = \frac{\sum 计划停运总次数F_{13}}{\sum 等效设施数N} = \frac{3}{392.667} = 0.00764(次/km)$$

强迫停运率：

$$EF_{18} = \frac{\sum 强迫停运总次数F_{18}}{\sum 等效设施数N} = \frac{3}{3.167} = 0.947(次/条)$$

$$或 = \frac{\sum 强迫停运总次数F_{18}}{\sum 等效设施数N} = \frac{3}{392.667} = 0.00764(次/km)$$

三、应用算例

例：某年（非闰年）7月1日，某公司新投入1条350km的500kV线路，全年停运时间情况见表2-29。

表 2-29　　　　　　　500kV 线路全年停运事件情况表

输变电设施	事件经过	状态	总次数（次）	总累计时间（h）	可用/不可用
500kV 线路	8 月 1 日 00:00—06:30 9 月 2 日 00:00—08:30	计划停运	2	15	不可用
	10 月 5 日 05:00—08:00	第二类非计划停用	1	3	不可用
	11 月 1 日 00:00—10:00 12 月 1 日 00:00—10:00	调度备用	2	20	可用

500kV 线路的评价期间时间为 8760h。现计算该公司 500kV 线路常用运行可靠性指标。包括可用系数、运行系数、计划停运系数、非计划停运系数、强迫停运系数、不可用率、计划停运率、非计划停运率、强迫停运率。

1. 可用系数

算例中评价期间使用小时 PAT 为 4416h（从 7 月 1 日至 12 月 31 日），可用小时 T_1 为 4416–15–3=4398（h）（去除 8 月 1 日、9 月 2 日两次计划停运共 15h 及 10 月 5 日一次第二类非计划停运 3h），故可用系数为（4398/4416）×100%=99.592%。

2. 运行系数

算例中评价期间使用小时 PAT 为 4416h，运行小时 T_2 为 4416–15–3–20=4378（h）（去除两次计划停运共 15h、一次第二类非计划停运 3h 及两次调度备用 20h），故运行系数为（4378/4416）×100%=99.139%。

3. 计划停运系数

算例中评价期间使用小时 PAT 为 4416h，计划停运小时 T_7 为 15h，故计划停运系数为（15/4416）×100%=0.340%。

4. 非计划停运系数

算例中评价期间使用小时 PAT 为 4416h，非计划停运小时 F_{13} 为 3h，故非计划停运系数为（3/4416）×100%=0.068%。

5. 强迫停运系数

算例中评价期间使用小时 PAT 为 4416h，强迫停运小时 F_8 为 3h，故非计划停运系数为（3/4416）×100%=0.068%。

6. 计划停运率

算例中统计千米数为：

4416×350/8760=176.438（km），计划停运次数 F_6 为 2 次，故计划停运率为 2/176.438=0.01134（次/km）。

7. 非计划停运率

算例中统计千米数为 176.438km，非计划停运次数 F_{13} 为 1 次，故非计划停运率为 1/176.438=0.00567（次/km）。

8. 强迫停运率

算例中统计千米数为 176.438km，强迫停运次数 F_{18} 为 1 次，故强迫停运率为 1/176.438=0.00567（次/km）。

第三章

变电可靠性管理

第一节 基 础 概 念

一、变电设施定义

1. 变压器

变压器是利用电磁感应的原理来改变交流电压的装置，主要构件是初级线圈、次级线圈和铁芯（磁芯）。

2. 电抗器

电抗器也叫电感器，一个导体通电时会在其所占据的一定空间范围产生磁场，因此所有能载流的电导体都有一般意义上的感性。电容器装置组合电器中的串联电抗器不统计。

3. 断路器

断路器是能关合、承载、开断运行回路正常电流也能在规定时间内关合、承载、开断规定的过载电流（包括短路电流）的开关设备。

4. 电流互感器

在正常使用情况下，其二次电流与一次电流实质上成正比，且其相位差在连接方法正确时接近于零的互感器；可以把数值较大的一次电流通过一定的变比转换为数值较小的二次电流，用来进行保护、测量等用途。

5. 电压互感器

在正常使用情况下，其二次电压与一次电压实质上成正比，且其相位差在连接方法正确时接近于零的互感器。

6. 组合互感器

由电流互感器和电压互感器组合成一体的互感器。

7. 隔离开关

在分位置时，触头间有符合规定要求的绝缘距离和明显的断开标志；在合位置时，能承载正常回路条件下的电流及在规定时间内异常条件（如短路）下的电流的开关设备。隔离开关的主要特点是无灭弧能力，只能在没有负荷电流的情况下分、合电路。包含独立接地隔离开关，同时还应明确电容器装置、组合电器中的独立接地隔离开关不统计。

8. 避雷器

一种过电压限制器，既能释放雷电或兼能释放电力系统操作过电压能量，保护设备免受瞬时过电压危害，又能截断续流，是一种不致引起系统接地短路的电器装置。

9. 组合电器

将两种或两种以上的电器，按接线要求组成一个整体且各电器仍保持原性能的装置，主要包括以下 3 种类型：

（1）气体绝缘金属封闭组合电器：是指全部或部分采用 SF_6 与氮气混合气体而不采用大气压下的空气作为绝缘介质的金属封闭开关设备。它利用 SF_6 气体的高绝缘性能，将断路器、隔离开关、接地开关、电流互感器、电压互感器等多种设备以及主母线、分支母线组合封装在金属封闭外壳内，除出线套管外，无外露带电体。

（2）复合式气体绝缘金属封闭组合电器：是以 SF_6 断路器为核心，集隔离开关、接地开关、电流互感器为一体的 SF_6 气体绝缘开关。它与气体绝缘金属封闭组合电器最大的区别在于不包括电压互感器、避雷器及主母线和分支母线，设备两侧通过出线套管与敞开式主母线相连。

（3）紧凑型组合电器：可以由空气绝缘的开关设备的元件或由空气绝缘的开关设备和复合式气体绝缘的开关设备组合而成。包括：

①通常是以瓷柱式断路器为核心，通过紧凑布置，充分利用各设备自身的结构组成部件，相互配合，将敞开式的隔离开关、接地开关、互感器等设备机械地连接组合在一起，各组成部分均为敞开式的独立功能设备；②通常是以罐式断路器为核心，将断路器、隔离开关、电压互感器和电流互感器等多个功能元件封闭在标准模块内，模块在工厂预装。

10. 母线

母线的作用是汇集、分配和传送电能，能分别连接若干电路的低阻抗导体。

统计的变电站既包括升压设备、也包括降压设备。

二、编码规则

数据管理是变电可靠性管理工作的重要环节，也是变电可靠性指标统计、数据分析与应用基础。以下主要从变电设施可靠性编码体系、基础数据管理内容和要求、运行数据管理内容和要求、管理信息系统等方面介绍变电设施可靠性数据的管理。

（一）企业编码

企业编码是指地市级电力企业的单位编码。公司共计10家供电单位，编码共5位。

1. 编码原则

企业编码由区域码（2位），供电企业特征码（1位），流水号（2位）组成，共5位，如图3-1所示。

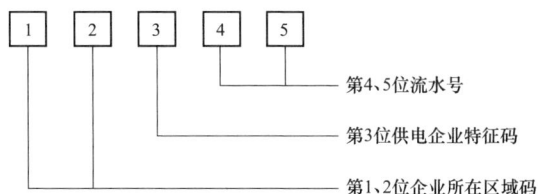

图 3-1 企业编码原则

2. 各单位编码

企业编码由电力可靠性管理中心统一编制。新增地市级电力企业需向可靠性管理中心提出申请，由可靠性管理中心编制下发，下属单位代码由地市级电力企业统一编制，见表3-1。

表 3-1　　　　　　　各 单 位 编 码 表

企业	第一位	第二位	第三位	第四位	第五位	企业编码
单位	区域		供电企业特征	流水号		
呼和浩特供电公司	1	5	5	0	1	15501
包头供电公司	1	5	5	0	2	15502
乌兰察布供电公司	1	5	5	0	3	15503
巴彦淖尔供电公司	1	5	5	0	4	15504
鄂尔多斯供电公司	1	5	5	0	7	15507
锡林郭勒供电公司	1	5	5	0	8	15508
乌海供电公司	1	5	5	0	9	15509
薛家湾供电公司	1	5	5	1	0	15510
阿拉善供电公司	1	5	5	1	2	15512
内蒙古超高压供电公司	1	5	6	0	1	15601
锡林郭勒超高压供电公司	1	5	6	0	4	15604
乌海超高压供电公司	1	5	6	0	3	15603

（二）变电站编码

变电站编码指供电企业的降压变电站和发电厂的升压变电站的编码，由地市级电力企业统一编制并填入"信息系统"，供下级单位调用。新增变电站时，需向地市级电力企业申请，由地市级电力企业编制填入"信息系统"，下级单位方可应用。

1. 编码原则

变电站编码由变电站性质（1位）、电压等级码（1位），企业单位代码（2位）、流水号（2位）组成，共6位，如图3-2所示。

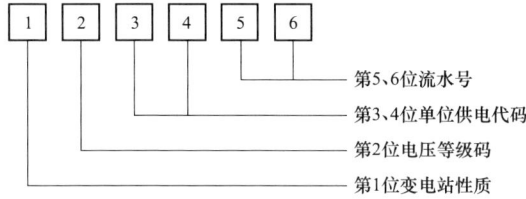

图 3-2　变电站编码原则

第 1 位表示升压降压站，1—降压站、3—升压站、4—开闭站。

第 2 位表示电压等级，1—110kV、2—220kV、5—500kV、7—750kV，U—1000kV、B—35kV、A—66kV。

第 3、4 为表示企业单位代码。

第 5、6 位表示变电站流水号。

2. 各单位变电站编码要求

各单位变电站编码表见表 3-2。

表 3-2　　　　　　　　　各单位变电站编码表

企业	第 1 位	第 2 位	第 3 位	第 4 位	第 5 位	第 6 位
单位	变电站类别	电压等级	企业单位代码		流水号	
呼和浩特供电公司	1（3、4）	1（2、B、A）	0	1	要求按照电压等级进行流水号排序	
包头供电公司	1（3、4）	1（2、5、B、A）	0	2		
乌兰察布供电公司	1（3、4）	1（2、B、A）	0	3		
巴彦淖尔供电公司	1（3、4）	1（2、B、A）	0	4		
鄂尔多斯供电公司	1（3、4）	1（2、B、A）	0	7		
锡林郭勒供电公司	1（3、4）	1（2、B、A）	0	8		
乌海供电公司	1（3、4）	1（2、B、A）	0	9		
薛家湾供电公司	1（3、4）	1（2、B、A）	1	0		
阿拉善供电公司	1（3、4）	1（2、B、A）	1	2		
内蒙古超高压供电公司	3	5	6	1		
锡林郭勒超高压供电公司	3	5	6	3		
乌海超高压供电公司	3	5	6	4		

（三）变电设施安装位置编码

（1）第 1 位码为设施分类码。1—变压器，2—电抗器，3—断路器，4—电流互感器，5—电压互感器，6—隔离开关，7—避雷器，B—组合电器，C—母线。

（2）第 2 位码为断路器专用码，其他设备自定。F—发变组断路器，Z—主变压器断路器，J—角母线断路器，X—线路断路器，P—旁路断路器，L—中间联络断路器，M—母联、分段断路器，Q—其他断路器用。

变电设施安装位置代码表见表 3-3。

表 3-3 变电设施安装位置代码表

序号	变压器							
	第 1 位	第 2 位	第 3 位	第 4 位	第 5 位	第 6 位	第 7 位	第 8 位
	1	0	0	电压等级	变电站序号		主变压器序号	
1	1	0	0	A—66kV，B—35kV，1—110kV，2—220kV，5—500kV，7—750kV，U—1000kV	变电站序号		三相主变压器序号	
							分相变压器序号	相位 A-A 相 B-B 相 C-C 相
	其他变电设施							
2	第 1 位	第 2 位	第 3 位	第 4 位	第 5 位	第 6 位	第 7 位	第 8 位
	1	0	0	调度编号（+相位码）				
	电抗器							
3	2	0	0	调度编号，不足 4 位，前一位用 0 补充				相位码 A-A 相 B-B 相 C-C 相 D-三相 0-中性点

续表

序号	变压器							
	第1位	第2位	第3位	第4位	第5位	第6位	第7位	第8位
1	1	0	0	电压等级	变电站序号		主变压器序号	

断路器								
4	3	F—发变组，Z—主变压器，J—角母线，P—旁路母线，X—线路，L—中间联络，M—母联、分段，Q—其他	0	调度编号，不足5位，前一位用0补				

电流互感器						
5	4	0	0	调度编号，不足4位，前一位用0补充		相位码

电压互感器						
6	5	0	0	调度编号，不足4位，前一位用0补充		相位码

隔离开关					
7	6	0	0	调度编号，不足4位，前一位用0补充	

避雷器						
8	7	0	0	调度编号，不足4位，前一位用0补充		相位码

全封闭组合电器					
9	B	0	0	调度编号，不足5位，前一位用0补充	

母线					
10	C	0	0	调度编号，不足4位，前一位用0补充	1—Ⅰ母，2—Ⅱ母，3—Ⅲ母，4—Ⅳ母，P—旁母

变电设施安装编码实例见表3-4。

表 3-4 变电设施安装编码实例

序号	设备类型	设备名称	安装位置码
1	变压器	220kV 古城变电站 1 号主变压器	10020201
2	电抗器	高新变电站 392 A 相电抗器	2000392A
3	断路器	土右变电站 102 主变压器断路器	3Z000102
4	电流互感器	桥西变电站 310B 相 TA	4000310B
5	电压互感器	桥西变电站 382A 相 TV	5000382A
6	隔离开关	桥西变电站 152-0 隔离开关	600152-0
7	避雷器	轻质变电站 382A 相避雷器	7000382A
8	全封闭组合电器	鹿钢变电站组合电器	B0020008
9	母线	轻质变电站 35kV Ⅳ母	C0030204

（四）设备制造（设计、施工）编码

设备制造（设计、施工）企业编码分国内企业和国外企业。

1. 编码原则

国内企业是指中国境内的制造企业。制造企业编码共 5 位，由"企业区域码+企业性质码+企业序号码"构成。国外企业是指在中国境外的企业。国外企业编码共 5 位，由"8+国家码+企业序号码"构成。

（1）国内企业（单位）。国内企业是指中国境内的制造企业，制造企业编码由企业区域码（2 位），企业（单位）性质码（1 位），企业序号码（2 位）组成，共 5 位，如图 3-3 所示。

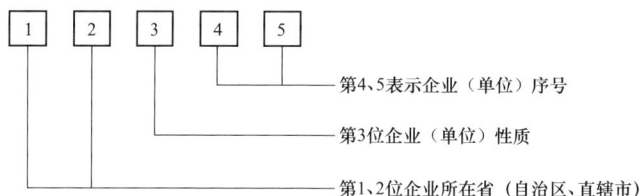

图 3-3 设备制造编码原则

（2）第 1、2 位表示企业（单位）所在区域及省（区、市）。

（3）第3位数字表示企业单位性质。

（4）第4、5位数字企业（单位）序号，见表3-5。

表3-5   设备制造（设计、施工）编码

企业	第1位	第2位	第3位	第4位	第5位
举例	企业（单位）所在区域及省（区、市）		企业（单位）性质分类	企业（单位）序号	
	11—北京市；43—湖南省；13—河北省；44—江西省；14—山西省；46—四川省；15—内蒙区；47—重庆市；16—天津市；54—西藏区；17—山东省；61—陕西省；21—辽宁省；62—甘肃省；22—吉林省；63—青海省；23—黑龙江省；64—宁夏区；32—江苏省；65—新疆区；33—浙江省；71—广东省；34—安徽省；72—广西区；35—上海市；73—云南省；37—福建省；74—贵州省；41—河南省；75—海南省；42—湖北省；		1—科研、勘探设计单位；2—试验研究单位；3—火电建设施工单位；4—水电建设施工单位；5—送变电建设施工单位；6～9—设备制造单位	01～30火电类勘测设计单位；31～50水电类勘测设计单位；51～90其他勘测设计咨询单位	
内蒙古电力勘测设计院	15		1	03	
内蒙古电力科学研究院	15		2	03	
内蒙古第一电力建设工程公司	15		3	01	
内蒙古送变电工程公司	15		5	02	
特变电工（沈阳）变压器集团有限公司	21		6～9	31	

（5）国外设备制造、供货或工程承包单位。国外企业是指中国境外的制造企业。国外企业编码共5位，是由"区域码（1位）+国家码（2位）+企业序号码（2位）"构成。如图3-4所示。

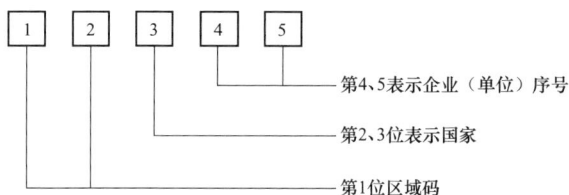

图 3-4　国外设备制造、供货或工程承包单位编码

（6）第 1 位数字取 8，表示"国外"。

（7）第 2、3 位数字表示国家，见表 3-6。

表 3-6　　　　国外设备制造、供货或工程承包单位编码

01—日本 02—美国 03—英国 04—法国 05—德国 06—瑞士	07—瑞典 08—加拿大 09—意大利 10—苏联 11—俄罗斯 12—乌克兰	16—丹麦 17—捷克 18—荷兰 19—比利时 20—挪威 21—芬兰	22—奥地利 23—南斯拉夫 24—波兰 25—西班牙 26—罗马尼亚

（8）第 4、5 位数字表示设备制造、供货或工程承包单位序号，见表 3-7。

表 3-7　　　　国外设备制造、供货或工程承包单位编码

企业	第 1 位	第 2 位	第 3 位	第 4 位	第 5 位
80601 ABB 瑞士公司	8	06		01	
80502 西门子公司	8	05		02	

制造、设计、施工企业编码由可靠性中心统一编制。新增企业编码，需向上级单位逐级申请，最后由可靠性中心统一编制下发。

三、统计范围及界限划分

1. 变电设施产权的划分与统计

本企业产权范围的全部变电设施以及受委托运行、维护、管理的变电设施都纳入本单位的可靠性统计。

2. 变电设施电压等级划分

目前已纳入可靠性管理的各类变电设施，按电压等级划分为：35、66、110、220、500、750、1000kV。

3. 变电设施的功能划分

目前已纳入可靠性管理的变电设施，按设施功能划分为变压器、电抗器、断路器（仅包括柱式断路器和罐式断路器）、电流互感器（不含附设于断路器、变压器内不做独立设施注册的套管型电流互感器）、电压互感器（含电容式电压互感器）、组合互感器、隔离开关、避雷器、全封闭组合电器（GIS）、母线共 12 类。

（一）设备单元界限划分的一般原则

（1）设备单元的一次侧接线板或出线接头以内的（含接线板或出线接头），属于本设备单元。

（2）与本设备相连接的引流线线夹及部分引流线，属本设备单元。

（3）设备单元上二次、通信、非电气量保护等相关的部件以设备本体单元上的出线端子排（板）为界，出线端子排（板）以内的［含端子排（板）］，属于本设备单元。

（二）引流线界限划分

与母线连接的引下线全部属于母线，但该引下线经与设备连接的线夹则属于所连接的设备（如图 3-5 所示）；若引流线连接一个设备，

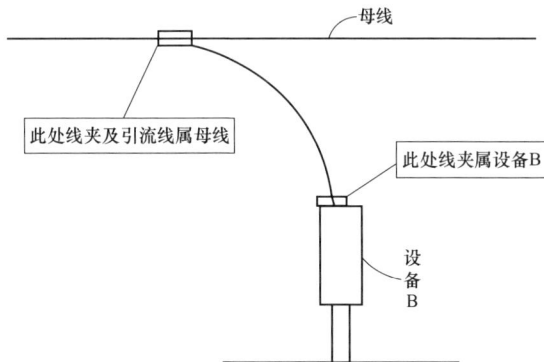

图 3-5 引流线界限划分（一）

则以该引流线上端的线夹为界，该线夹以内（包括该线夹），属于所连接的设备（如图 3-6、图 3-7 所示）；若引流线连接两个设备，则以该引流线中间分界点为界，分别属于所连接的设备（如图 3-8 所示）。

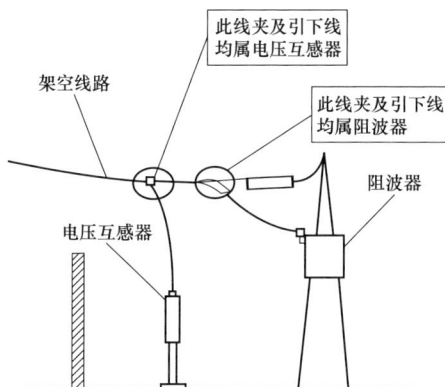

图 3-6　引流线界限划分（二）

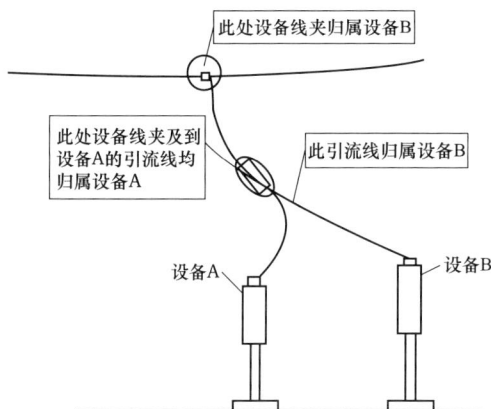

图 3-7　引流线界限划分（三）

引流线的归属原则中，首先判断是否与母线相连（这是第一原则），然后再判断是否与其他设备相连。简单地说，设备单元一般应包括：设备本体，设备配套提供的一、二次附属设施和操作控制设施，规定中明确的其他设施。

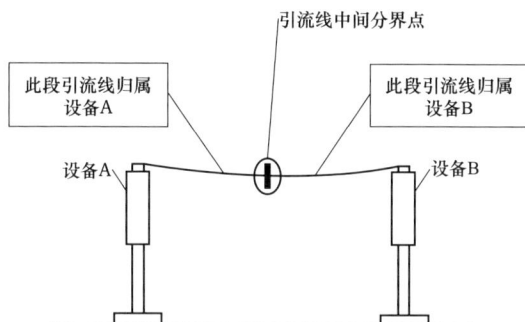

图 3-8 引流线界限划分（四）

（三）各类设备单元的界限划分

1. 变压器

变压器设备单元除变压器本体外，还包括储油柜（油枕）、冷却器、风控箱、气体继电器、非电气量保护装置、变压器有载分接开关在线滤油装置等，但不包括变压器的消防设施、非制造厂配套提供的变压器在线监测装置等。

变压器具体的界限划分如下：

（1）变压器所有引出套管（包括各侧电流回路套管、中性点套管、铁芯和夹件的引出套管）接线板以内部分以及与变压器相连的部分引流线（包括线夹），属于变压器范围。套管电流互感器也属于变压器范围。

（2）安装在变压器本体上的非电气量保护装置、套管电流互感器二次引出经以变压器本体端子箱内的出线端子排为界，出线端子排以内部分，属于变压器范围。

（3）变压器风控回路，以其出线端子排为界，出线端子排以内部分，属于变压器范围。

（4）变压器风控箱内的电源回路部分，以风控箱内电源接线桩头为界，接线桩头以内部分，属于变压器范围。

（5）变压器本体与变压器在线监测装置（非制造厂提供的变压器

在线监测装置）的分界以连接阀门为界，连接阀门以内部分（包括阀门）属于变压器范围。

（6）变压器有载分接开关控制器、控制器与变压器相连接的控制电缆、有载分接开关机构箱，均属于变压器范围。变压器的无励磁分接开关、有载分接开关均属于变压器范围。

2. 电抗器

（1）电抗器电流回路的接线板以内部分以及与电抗器相连的部分引流线（包括线夹），属于电抗器范围。

（2）电抗器其他部分的界限划分，可参照变压器的相关内容。

3. 断路器

（1）断路器一次主回路的接线板以内部分以及与断路器相连的部分引流线（包括线夹），属于断路器范围。

（2）断路器操动机构以机构箱出线端子排为界，端子排以内部分，属于断路器范围。

4. 电流互感器

（1）电流互感器一次主回路的接线板以内部分以及与电流互感器相连的部分引流线（包括线夹），属于电流互感器范围。

（2）电流互感器二次引出端子排（板）以内部分，属于电流互感器范围。

5. 电压互感器

（1）电压互感器一次主回路的接线板以内部分以及与电压互感器相连的部分引流线（包括线夹），属于电压互感器范围。

（2）电压互感器二次引出端子排（板）以内部分，属于电压互感器范围。

6. 避雷器

避雷器一次主回路的接线板以内部分以及与避雷器相连的部分引流线（包括线夹），包括避雷器的计数器和泄漏电流表，均属于避雷器范围。更换避雷器的计数器和泄漏电流表的工作，应对避雷器按"计划停运"或"非计划停运"统计。

7. 隔离开关

（1）隔离开关一次主回路的接线板以内部分（含接地开关）以及与隔离开关相连的部分引流线（包括线夹），属于隔离开关范围。

（2）隔离开关（含接地开关）操动机构以出线端子排为界，端子排以内部分属于隔离开关范围。

8. 组合电器

（1）组合电器一次主回路进出线的终端套管接线板或电缆桶（不包括进出线的电缆头）以内部分以及与组合电器相连的部分引流线，属于组合电器范围。

（2）安装在组合电器本体上的非电气量保护装置、套管电流互感器、电压互感器的二次引出线以组合电器本体端子箱内的出线端子排为界，出线端子排以内部分，属于组合电器范围。

（3）组合电器内断路器、隔离开关操动机构以机构箱的出线端子排为界，端子排以内部分，属于组合电器范围。

（4）通常以"套"作为组合电器的计算单位，按照实现功能的不同，又将组合电器按"间隔"进行不同的分类，具体如下：

1）出线间隔。线路断路器母线侧隔离开关（含母线侧隔离开关）以下站内设备，包括断路器及两侧隔离开关、接地开关、快速接地开关、电压互感器、电流互感器、避雷器、分支母线、套管等。

2）变压器间隔。连接变压器的断路器母线侧隔离开关（含母线侧隔离开关）以下的站内设备，包含连接至变压器的断路器及两侧隔离开关、接地开关、电压互感器、电流互感器、避雷器、分支母线、套管等。

3）母联（分段）开关间隔。包括母线连接（分段）断路器及两侧隔离开关、接地开关、电流互感器等。

4）3/2接线中开关间隔。包括3/2接线的中间断路器及两侧隔离开关、接地开关、电流互感器、两侧套管等。

5）不完整间隔。包括 3/2 接线不完整串待扩建边开关预留的隔离开关、接地开关，单双母线接线进出线扩建接口预留的隔离开关、接地开关等。

6）桥开关间隔。包括桥型接线的连接断路器及两侧隔离开关、接地开关、电流互感器等。

7）母线间隔。包括主母线、与主母线直接相连的电压互感器、避雷器、接地开关等母线设备。

9．母线

母线设备单元应包括母线主导线、母线支持绝缘子（或悬式绝缘子）、金具（连接金具、支持绝缘子金具、引线金具）、接地装置、母线架空地线以及与母线连接的引下线。

此外，非设备制造厂配套提供的支持绝缘子、悬式绝缘子（或固定件）也包含在母线设备单元内。管母线两端的接地装置、母线与剪刀式隔离开关静触头部分连接金具，属于母线设备。剪刀式隔离开关静触头部分属于隔离开关，不属于母线设备。

（四）变电设施统计单位

（1）变压器以台为统计单位，三相共体变压器三相注册为一台，分相变压器每相注册为一台，备用相变压器和电压等级 35kV 及以上的站用变也应进行注册。

（2）电抗器为三相的以台为统计单位，三相为 1 台；电抗器为单相，按单相为 1 台统计。

（3）断路器以台为统计单位，三相为 1 台。

（4）隔离开关以组为统计单位，三相为 1 组；中性点隔离开关单相为 1 台。

（5）组合电器：指 1 个变电站（升压）内通过壳体及盆式绝缘子封闭连接或者通过架空连接线（电缆）相连接的 1 个或多个间隔称为 1 套组合电器。

其中，"间隔"通常是指一个具有完整功能的电气单元，一般包含断路器、隔离开关及接地开关、电流互感器、电压互感器、避雷器、套管、主母线或分支母线等元件的全部或一部分。按照间隔实现的功能可分为出线间隔、变压器间隔、母联（分段）开关间隔、3/2 接线中开关间隔、不完整间隔、桥开关间隔、母线间隔等。

（6）母线以段为统计单位，三相为 1 段。

（7）电流互感器、电压互感器、避雷器、组合互感器以台为统计单位，1 相为 1 台。

四、状态分类

变电设施在其寿命周期内的使用状态分可用状态和不可用状态。可用状态分为运行状态和备用状态。其中备用状态分为调度备用状态和受累备用状态。不可用状态分为计划停运状态和非计划停运状态。状态分类如图 3-9 所示。

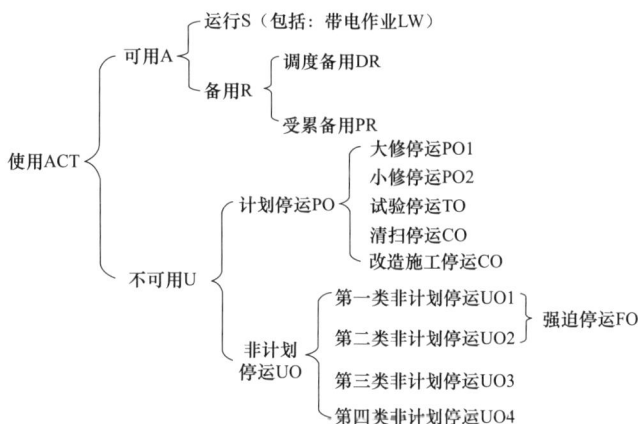

图 3-9 状态分类图

（一）状态分类的定义

1. 可用状态

可用状态是指设施能够完成规定功能的状态，分为运行状态和备用状态。

（1）运行状态：指输变电设施发挥规定功能的状态。

（2）备用状态：指输变电设施可用，但未发挥规定功能的状态。分为调度备用状态和受累备用状态。

1）调度备用：指由于电网运行方式的需要，输变电设施处于备用的状态。如某变压器设备因电网运行方式的需要，由调度下令由运行状态转为热备用后，变压器处于调度备用状态。

2）受累备用：指输变电设施出现停运，使存在电气联系的关联输变电设施处于备用状态。如某线路停电检修，而该线路相关断路器、隔离开关等设施本身无工作，此时该线路相关断路器和隔离开关为受累备用。

2. 不可用状态

不可用状态是指输变电设施出现故障或维修，不能完成规定功能的状态。

分为计划停运状态和非计划停运状态。

（1）计划停运。输变电设施按照指定的时间表处于停止发挥规定功能的状态。分为大修、小修、试验、清扫和改造施工。

1）大修停运：指输变电设施处于整体修理、更换或修复重要零部件、校正并恢复输变电设施原有的性能等计划停运状态。

2）小修停运：指输变电设施处于局部修理、更换或修复普通零部件、调整部分机构和精度、校正并恢复输变电设施原有的性能等计划停运状态。

3）试验停运：指输变电设施处于试验技术性能、预定功能的计划停运状态。

4）清扫停运：指输变电设施处于清扫外绝缘污秽的计划停运状态。

5）改造施工停运：指输变电设施处于因满足电网发展、配合基础设施建设等需要，对预定功能、结构、安装位置等规定性能进行调整的计划停运状态。改造施工可细分为技术改造、电网建设和基础设施建设（包括市政、用户）需要进行的改造施工。

（2）非计划停运。输变电设施处于未按照指定的时间表停止发挥规定功能的状态。分为第一类非计划停运状态、第二类非计划停运状态、第三类非计划停运状态和第四类非计划停运状态。

1）第一类非计划停运：指设施必须立即从可用状态改变到不可用状态。主要包括故障跳闸。如某断路器因遭雷击跳闸，则该断路器应记为第一类非计划停运。

2）第二类非计划停运：指设施虽非立即停运，但不能延至 24h 以后停运者（从向调度申请开始计时）。主要包括危急缺陷、紧急拉停。如某断路器因 SF$_6$ 气体压力低（未达到闭锁值），在向调度申请后，检修人员 24h 内进行了停电处理，则该断路器记为第二类非计划停运。

3）第三类非计划停运：设施能延迟至 24h 以后停运。如某设施发生了一般缺陷，在无法延迟至申报下月度停电计划的情况下，检修人员在发现缺陷 24h 后对该设施进行了停电处理，则该设施记为第三类非计划停运。

4）第四类非计划停运：对计划停运的各类设施，若不能如期恢复其可用状态，则超过预定计划时间的停运部分。计划停运时间为调度最初批准的停运时间。处于备用状态的设施，经调度批准进行检修工作的停运，也应记为第四类非计划停运。

5）强迫停运：设施的第一、第二类非计划停运均称为强迫停运。

（二）状态时间的定义

1. 可用小时

可用小时是指设施处于可用状态下的小时数，包括运行小时和备用小时。

（1）运行小时：指设施处于运行状态下的小时数。

（2）备用小时：指设施处于备用状态下的小时数，包括调度备用小时和受累备用小时。

2. 不可用小时

不可用小时是指设施处于不可用状态下的小时数，包括计划停运小时和非计划停运小时。

（1）计划停运小时：设施处于计划停运状态下的小时数，包括大修、小修、试验、清扫和改造施工停运小时。

（2）非计划停运小时：设施处于非计划停运状态下的小时数。包括第一、第二、第三、第四类非计划停运小时。

（3）强迫停运小时：设施处于强迫停运状态下的小时数，包括第一、第二类非计划停运小时。

3. 统计期间小时

设施处于使用状态下，根据统计需要选取期间的小时数。

（三）状态停运次数的定义

1. 计划停运次数

设施处于计划停运下的次数，包括大修、小修、试验、清扫和改造施工次数。

2. 备用次数

备用次数是指设施处于备用状态下的次数，包括调度备用次数和受累备用次数。

3. 非计划停运次数

设施处于非计划停运状态下的次数，包括第一、第二、第三、第四类非计划停运次数。

4. 强迫停运次数

设施处于强迫停运状态下的次数，包括第一、第二类非计划停运次数。

第二节　数　据　管　理

一、基础数据管理

变电设施基础数据管理包括基础数据的收集、整理、维护、审核及维护。可靠性技术及管理人员必须熟悉基础数据的来源及有关部门的工作内容，掌握基础数据的统计范围、管理内容和要求，并按照标准化的基础数据管理流程，结合本单位实际开展高质量的基础数据管理工作。

（一）基础数据管理要求

变电设施可靠性管理依据为《电力可靠性监督管理办法》《内蒙古电力可靠性工作管理办法》《输变电设施可靠性评价规程》《内蒙古电力可靠性监督检查及考评标准》等相关规章制度。

1. 及时性

可靠性数据管理要求各种数据填写、上报、分析的及时性，必须在上级要求的时间内按时报出各种可靠性数据和数据报告。

（1）变电设施台账应在设备投运后规定时间内通过可靠性系统完成维护。信息维护应严格按照设备铭牌和产品说明书等相关资料进行，因资料移交不全等原因造成部分信息维护不全的，必须在规定时间内补充完善。

（2）设备信息变更、退出、退出设备异地投运、报废退役等工作，必须按照设备管理部门出具的资料填报，并在相关工作完成后规定时间内在可靠性管理信息系统中完成维护。

2. 准确性

为确保可靠性数据的准确性，必须严格按可靠性评价规程的有关规定，做好可靠性事件的统计工作。各种数据、报告必须客观真实地反映设施（设备）的实际情况，不得违反或擅自修改规程的规定。

3. 完整性

按照计划时间注册变电可靠性数据，保证新投、变动、变更各种数据不缺项、漏项，技术参数不遗漏，确保基础数据录入的完整性，特别是可靠性的事件分析编码必须正确齐全。

（二）基础数据管理工作内容

1. 基础数据的收资

（1）收资内容。变电设施基础数据录入前需要收集可靠性信息系统需要的相关信息，包括电网一次接线图、变电站接线图、变电设施台账、设施变更单、技改大修工程设备资产信息。

（2）收资要求。变电设施基础数据资料应由变电管理部门、变电站、工程基建部门等及时进行收集、整理，当月内报送变电可靠管理技术人员，以便变电可靠性管理技术人员开展基础数据的收集、整理、维护、审核、上报工作。

2. 填报原则

（1）主变压器容量均按兆伏安为单位进行注册，其他设施数据结构单位录入应依据可靠性程序界面单位为准进行注册。

（2）设备制造厂家名称必须填入。

（3）建成日期按变电站建成之日进行注册。

（4）投运日期按新投、重新投运设施进行注册。

对于新投运的变电设备，"投运日期"即移交生产运行之日（调试完毕且试运行 24h 后）。

对于新投运的变电设备，调试完毕且运行 24h 后，如停下备用，"投运日期"即移交生产之日；对于新投运的设备，调试完毕且运行 24h 内，出现消缺任务，"投运日期"即设备消缺后重新投运移交生产之日。

对于来自异地重新投运的变电设备，"投运日期"不变。

对于重新投运、增容改造的变电设备，"投运日期"不变。

（5）注册日期按新投、重新投运、改造的变电设备重新投入运行之日进行注册。

对于来自新投运的变电设备，"注册日期"即投运日期。

对于来自异地重新投运的变电设备，"注册日期"为变电设备重新运行之日。

对于来自新投运的变电设备，调试完毕且运行 24h 后，如停下备用，"注册日期"即移交生产之日；对于来自新投运的变电设备，调试完毕且运行 24h 内，出现消缺任务，"注册日期"即设施消缺后重新投运移交生产之日。

对于来自异地重新投运的变电设备，"注册日期"为新投运之日；对于增容、改造的变电设备，"注册日期"为新投运之日。

（6）退出日期对于增容、改造、轮修及返厂大修的变电设备，"退出日期"为设备停运日期。退役日期对于设施报废退役按照原设施停运时间直接办理退役即可，"退役日期"为设施停运之日。

（7）变电站代码按照变电站代码编码体系原则进行注册。

（8）设计单位及施工单位按照台账内容进行注册。

（9）调度单位：按照局厂级（地市级）及以上调度单位进行注册。

（10）所在电网：按照某电网公司或上级电网单位进行注册。

（11）资产属性：按照设施资产归属进行填写，直接归属某电力公司的资产，填写某电力集团公司，归属地方政府或其他单位委托管理的资产，填写相应的单位。

（12）技术参数：按照台账内容真实、准确注册；按照系统所需注册要求进行录入。

（13）备注要说明设施变动原因、变动时间。

（14）"安装位置及名称"填写按调度规定进行命名。

（15）"企业编码""变电站编码""安装位置代码"填写按编码规则进行编制。

3. 填报要求

变电基础数据在相关设备投运后或变更、变动后，一周内完成主要设备参数维护；在完成资料交接工作后，一周内完成全部参数维护。

"退出"一般指设施退出使用状态，经过返厂检修或其他形式检修等过程，一段时间后可能会重新投入使用。

"退役"指设施报废。

"删除"指原数据录入错误或重复录入等需进行删除处理。注意若设施发生变动（如设备更换或设备报废），需做退出或退役处理，不能直接进行"删除"操作。

4. 基础数据维护

（1）基础数据注册。

1）变压器：必填字段为下属单位、变电站、设备来源、安装位置代码、安装位置名称、电压等级、制造单位、出厂日期、规格型号、投运日期、设备型式、注册日期、资产属性、调度单位、所在电网、容量。

a. 额定容量。

【含义】指变压器在额定工作条件下的输出能力。对于大功率变压器，可用次级绕组的额定电压和额定电流的乘积来表示。

【规范】按照设备铭牌上的数字填写，单位为 MVA。

b. 中性点接地方式。

【含义】中性点是指对称电压系统中，通常处于零电位的点。变压器中性点接地方式与电网的安全运行有密切关系。

【规范】按照实际情况填写。

c. 空载损耗。

【含义】当额定频率下的额定电压（分接电压）施加到一个绕组的端子，其他绕组开路时，变压器所吸收的有功功率。

【规范】按照设备铭牌上的数字填写，单位为 kW。

d. 空载电流。

【含义】当额定频率下的额定电压（分接电压）施加到一个绕组的端子，其他绕组开路时，流经该绕组线路端子的电流的有效值。

【规范】对于三相变压器，空载电流是流经三相端子电流的算术平均值，通常用占该绕组额定电流的百分数来表示。对于多绕组变压器，是以具有最大额定容量的那个绕组为基准的。按照设备铭牌上的数字填写百分数。

e. 接线组别。

【含义】由 1 组字母和 10 种序数组成。表示高压、中压（如果有）

及低压绕组的联结方式，及中压、低压绕组对高压绕组的相位移关系。

【规范】按照实际情况填写。

f. 短路损耗高低。

【含义】在高压绕组和低压绕组中，当额定电流（分接电流）流经一个绕组的线路端子且另一个绕组短路时，在额定频率及参考温度下变压器所吸收的有功功率。此时，中压绕组应开路。

【规范】按照设备铭牌上的数字填写，单位为 kW。

g. 短路损耗高中。

【含义】在高压绕组和中压绕组中，当额定电流（分接电流）流经一个绕组的线路端子，且另一个绕组短路时，在额定频率及参考温度下变压器所吸收的有功功率。此时，低压绕组应开路。

【规范】按照设备铭牌上的数字填写，单位为 kW。

h. 短路损耗中低。

【含义】在中压绕组和低压绕组中，当额定电流（分接电流）流经一个绕组的线路端子，且另一个绕组短路时，在额定频率及参考温度下变压器所吸收的有功功率。此时，高压绕组应开路。

【规范】按照设备铭牌上的数字填写，单位为 kW。

i. 阻抗电压高低。

【含义】对于双绕组变压器来说，当一个绕组短路，以额定频率的电压施加于三相变压器另一个绕组的线路端子上，或施加于单相变压器另一个绕组端子上，并使其中流过额定电流时的施加电压值。对于多绕组变压器来说，当高压和低压绕组中的一个绕组短路，以额定频率的电压施加于三相变压器该对绕组中的另一个绕组的线路端子上，或施加于单相变压器该对绕组中的另一个绕组端子上，中压绕组开路并使其流过与该对绕组中的额定容量较小的绕组相对应的额定电流时的施加电压值。

【规范】绕组的或各对绕组的阻抗电压是指相应的参考温度下的数值且用施加电压绕组的额定电压值的百分数来表示。按照设备铭牌填写百分数。

j. 阻抗电压高中。

【含义】对于双绕组变压器来说，当一个绕组短路，以额定频率的电压施加于三相变压器另一个绕组的线路端子上，或施加于单相变压器另一个绕组端子上，并使其中流过额定电流时的施加电压值。对于多绕组变压器来说，当高压和中压绕组中的一个绕组短路，以额定频率的电压施加于三相变压器该对绕组中的另一个绕组的线路端子上，或施加于单相变压器该对绕组中的另一个绕组端子上，低压绕组开路并使其流过与该对绕组中的额定容量较小的绕组相对应的额定电流时的施加电压值。

【规范】绕组的或各对绕组的阻抗电压是指相应的参考温度下的数值且用施加电压绕组的额定电压值的百分数来表示。按照设备铭牌填写百分数。

k. 阻抗电压中低。

【含义】对于双绕组变压器来说，当一个绕组短路，以额定频率的电压施加于三相变压器另一个绕组的线路端子上，或施加于单相变压器另一个绕组端子上，并使其中流过额定电流时的施加电压值。对于多绕组变压器来说，当中压和低压绕组中的一个绕组短路，以额定频率的电压施加于三相变压器该对绕组中的另一个绕组的线路端子上，或施加于单相变压器该对绕组中的另一个绕组端子上，高压绕组开路并使其流过与该对绕组中的额定容量较小的绕组相对应的额定电流时的施加电压值。

【规范】绕组的或各对绕组的阻抗电压是指相应的参考温度下的数值且用施加电压绕组的额定电压值的百分数来表示。按照设备铭牌填写百分数。

l. 油种。

【含义】油种是以凝固点的温度值而命名的，不同油种的变压器油的黏度、闪点、凝固点都不同，油种与变压器安装地点的环境平均最低温度有关。

【规范】按照实际情况填写，如#25。

m.冷却器。

【含义】冷却器是利用风扇吹风或循环水做冷却介质，把变压器运行过程中产生的热量带走的热交换装置。

【规范】按照设备铭牌填写。

n.潜油泵型号。

【含义】用于表征潜油泵的电机级数、油泵、油泵类型、设计序号、额定流量、额定扬程、额定功率、安装方式、特殊使用环境的参量。

【规范】按照潜油泵的铭牌填写。

o.高压套管型号。

【含义】用于表征高压套管的产品型式、结构特征、设计序号、额定电压、额定电流、安装方式、污秽等级等参量。

【规范】按照高压套管的铭牌填写。

p.中压套管型号。

【含义】用于表征中压套管的产品型式、结构特征、设计序号、额定电压、额定电流、安装方式、污秽等级等参量。

【规范】按照中压套管的铭牌填写。

q.低高压套管型号。

【含义】用于表征低压套管的产品型式、结构特征、设计序号、额定电压、额定电流、安装方式、污秽等级等参量。

【规范】按照低压套管的铭牌填写。

r.有载调压型号。

【含义】指变压器有载调压装置的型号。

【规范】按照有载调压装置的铭牌填写。

s.有载调压厂家。

【含义】生产有载调压开关的厂家名称。

【规范】按照有载调压装置的铭牌填写。

t. 是否所用变。

【含义】指是否为变电站内用的变压器。

【规范】按照实际情况填写。

u. 是否备用相。

【含义】指是否为变电站内变压器的备用相。

【规范】按照实际情况填写。

2）断路器：必填字段为下属单位、变电站、设备来源、安装位置代码、安装位置名称、电压等级、制造单位、出厂日期、规格型号、投运日期、设备型式、注册日期、资产属性、调度单位、所在电网、机构型式。

a. 设备型式。

【含义】断路器的型式类型。

【规范】按照实际情况填写。

b. 型号规格。

【含义】断路器的型号名称，由各厂家定义。

【规范】按铭牌上的型号规格完整填写，如 LW10B-252/3150-40。

c. 灭弧介质。

【含义】断路器灭弧室内所采用的介质类型。

【规范】按照实际情况填写。

d. 机构型式。

【含义】断路器操动结构所属类型。

【规范】按照实际情况填写。

e. 机构型号。

【含义】断路器的机构型号名称，由各厂家定义。

【规范】按照铭牌上的型号规格完整填写。

f. 额定短路开断电流。

【含义】指在规定的使用和性能条件下，断路器所能开断的最大短路电流。

【规范】根据断路器的铭牌参数填写，单位为 kA。

g. 额定电流。

【含义】指在规定的使用和性能条件下，能持续通过电流的有效值。

【规范】根据断路器的铭牌参数填写，单位为 A。

h. 合闸电阻阻值。

【含义】断路器合闸电阻的阻值。

【规范】根据断路器的实际情况填写，单位为Ω，无合闸电阻时填写 0。

i. 额定电压。

【含义】指开关设备和控制设备所在系统的最高电压。

【规范】根据实际情况填写。

j. 额定短时耐受电流。

【含义】指在规定的使用和性能条件下，在规定的短时间内，开关设备和控制设备在合闸状态下能够承载的电流的有效值。

【规范】根据断路器铭牌填写，单位为 kA。

k. 额定短路持续时间。

【含义】指开关设备和控制设备在合闸状态下能够承载额定短时耐受电流的时间间隔。

【规范】根据断路器铭牌填写，单位为 s。

l. 爬电比距。

【含义】断路器外绝缘的爬电距离与最高工作电压有效值之比。爬电距离是在两个导电部件之间沿固体绝缘材料表面的最短距离。

【规范】按照实际情况填写，单位为 mm/kV。

m. 额定峰值耐受电流。

【含义】指在规定的使用和性能条件下，开关设备和控制设备在合闸状态下能够承载的额定短时耐受电流的第一个大半波的电流峰值。

【规范】根据断路器铭牌填写，单位为 kA。

n．额定短路关合电流。

【规范】与额定峰值耐受电流要求相同。

3）电抗器：必填字段为下属单位、变电站、设备来源、安装位置代码、安装位置名称、电压等级、制造单位、出厂日期、型号规格、投运日期、注册日期、资产属性、调度单位、所在电网。

a．接地方式。

【含义】指三相交流电力系统中性点与大地之间的电气连接方式。

【规范】按照实际情况填写。一般分为直接接地、小电抗接地、不接地。

b．额定损耗。

【含义】指电抗器通过额定电流，温度达到 75℃时的损耗功率。

【规范】按照设备铭牌填写，单位为 kW。

c．无功功率。

【含义】对于正弦状态下的线性二端元件或二端电路，其量值等于视在功率 S 和端子间电压对电流的相位移角的正弦量之积。

【规范】按照设备铭牌填写，单位为 kvar。

d．额定电抗。

【含义】指额定电压时的电抗（额定频率下的每相欧姆值）。

【规范】按照设备铭牌填写，单位为 Ω。

e．零序电抗。

【含义】三相星形绕组各线端并在一起与中性点之间测得的电抗乘以相数所得值（额定频率下的每相电抗值）。

【规范】按照设备铭牌填写，单位为 Ω。

f．额定电流。

【含义】由额定容量和额定电压得出的电抗器的线电流。

【规范】按照设备铭牌填写，单位为 A。

g. 额定动稳定电流。

【含义】在二次绕组短路的情况下，电流互感器能承受电磁力的作用而无电气或机械损伤的最大一次电流峰值。

【规范】按照设备铭牌填写，单位为 kA。

h. 额定容量。

【含义】指标注在绕组上的视在功率。

【规范】按照设备铭牌填写，单位为 kvar。

4）电流互感器：必填字段为下属单位、变电站、设备来源、安装位置代码、安装位置名称、电压等级、制造单位、出厂日期、型号规格、投运日期、设备型式、注册日期、资产属性、调度单位、所在电网、额定容量。

a. 额定输出。

【含义】在额定二次电流及接有额定负荷的条件下，电流互感器在额定功率因数时供给二次电路的视在功率值。

【规范】按照设备铭牌填写，单位为 VA。

b. 额定电流比。

【含义】额定一次电流和额定二次电流之比。

【规范】按照设备铭牌填写。

c. 额定输出级。

【含义】对电流互感器所给定的误差等级，其比值差和相位差，在规定使用条件下应在规定的限制内。

【规范】按照设备铭牌填写。

d. 爬电比距。

【含义】电流互感器外绝缘的爬电距离与最高工作电压有效值之比。爬电距离是在两个导电部件之间沿固体绝缘材料表面的最短距离。

【规范】按照设备铭牌填写，单位为 mm/kV。

5）电压互感器：必填字段为下属单位、变电站、设备来源、安装位置代码、安装位置名称、电压等级、制造单位、出厂日期、型号规格、投运日期、设备型式、注册日期、资产属性、调度单位、所在电网、额定容量。

a．额定输出。

【含义】在额定二次电压及接有额定负荷的条件下，电压互感器在额定功率因数时供给二次电路的视在功率值。

【规范】按照设备铭牌填写，单位为 VA。

b．额定电压比。

【含义】额定一次电压和额定二次电压之比。

【规范】按照设备铭牌填写。

c．额定输出级。

【含义】对电压互感器所给定的误差等级，其比值差和相位差，在规定使用条件下应在规定的限制内。

【规范】按照设备铭牌填写。

d．爬电比距。

【含义】电压互感器外绝缘的爬电距离与最高工作电压有效值之比。爬电距离是在两个导电部件之间沿固体绝缘材料表面的最短距离。

【规范】按照设备铭牌填写，单位为 mm/kV。

6）隔离开关：必填字段为下属单位、变电站、设备来源、安装位置代码、安装位置名称、电压等级、制造单位、出厂日期、型号规格、投运日期、机构型号、注册日期、资产属性、调度单位、所在电网。

a．型号规格。

【含义】隔离开关的型号名称，由各厂家定义。

【规范】按照铭牌上的型号规格完整填写。

b．机构型号。

【含义】隔离开关操动机构具体型号，由各厂家定义。

【规范】按照铭牌上的机构型号完整填写。

c．额定电流。

【含义】指在规定的使用和性能条件下，能够持续通过电流的有效值。

【规范】根据隔离开关的铭牌参数填写，单位为 A。

d．额定峰值耐受电流。

【含义】指在规定的使用和性能条件下，设备在合闸状态下能够承载的额定短时耐受电流的第一个大半波的电流峰值。

【规范】根据隔离开关铭牌填写，单位为 kA。

e．额定短时耐受电流。

【含义】指在规定的使用和性能条件下，在规定的短时间内，设备在合闸状态下能够承载的电流的有效值。

【规范】根据隔离开关铭牌填写，单位为 kA。

f．额定短路持续时间。

【含义】指设备在合闸状态下能够承载额定短时耐受电流的时间间隔。

【规范】根据隔离开关铭牌填写，单位为 s。

g．爬电比距。

【含义】隔离开关外绝缘的爬电距离与最高工作电压有效值之比。爬电距离是在两个导电部件之间沿固体绝缘材料表面的最短距离。

【规范】按照实际情况填写，单位为 mm/kV。

7）避雷器：必填字段为下属单位、变电站、设备来源、安装位置代码、安装位置名称、电压等级、制造单位、出厂日期、型号规格、投运日期、设备型式、注册日期、资产属性、调度单位、所在电网。

a．额定电压。

【含义】施加到避雷器端子间的最大允许工频电压有效值，按照此电压所设计的避雷器，能在所规定的动作负载试验中确定的暂时过电压下正确的工作。它是表征避雷器运行特性的一个重要参数，但不

107

等于系统标称电压。

【规范】按照设备铭牌填写，单位为 kV。

b．残压。

【含义】避雷器流过放电电流时两端的电压峰值。

【规范】按照设备铭牌填写，单位为 kV。

c．工频放电电压。

【含义】施加于有串联间隙避雷器两端使其全部串联间隙放电的最小工频电压的有效值。

【规范】按照设备铭牌填写，单位为 kV。

d．爬电比距。

【含义】避雷器外绝缘的爬电距离与最高工作电压有效值之比。爬电距离是在两个导电部件之间沿固体绝缘材料表面的最短距离。

【规范】按照设备铭牌填写，单位为 mm/kV。

8）组合电器：（GIS）必填字段为下属单位、变电站、设备来源、安装位置代码、安装位置名称、电压等级、制造单位、出厂日期、规格型号、投运日期、设备型式、注册日期、资产属性、调度单位、所在电网、电缆室数、接线方式、连接件数、主控柜数、TV 数、断路器数、母线段数、避雷器数、TA 数、隔离开关数。

GIS-TV 必填字段：下属单位、变电站、注册日期。

GIS-TA 必填字段：下属单位、变电站、注册日期。

GIS-断路器必填字段：下属单位、变电站、注册日期。

GIS-母线段必填字段：下属单位、变电站、注册日期。

GIS-避雷器必填字段：下属单位、变电站、注册日期。

GIS-隔离开关必填字段：下属单位、变电站、注册日期。

a．型号规格。

【含义】组合电器的型号名称，由各厂家定义。

【规范】按照铭牌上的型号规格完整填写。例如，ZF6-126/

3150-40。

b．设备型号。

【含义】组合电器的型式。

【规范】根据实际情况填写。

c．间隔。

【含义】指组合电器的断路器间隔所在位置。分为气体绝缘金属封闭组合电器（GIS）间隔；复合式气体绝缘金属封闭组合电器（H-GIS）间隔、紧凑型组合电器间隔。

【规范】根据实际情况填写。

d．盆式绝缘子数。

【含义】指该组合电气间隔内用于分割各功能小室的盆式绝缘子数量。

【规范】根据实际情况填写。

e．TV 数。

【含义】指该组合电器内电压互感器的具体数量。

【规范】根据实际情况填写。

f．避雷器数。

【含义】指该组合电器内避雷器的具体数量。

【规范】根据实际情况填写。

g．TA 数。

【含义】指该组合电器内电流互感器的具体数量。

【规范】根据实际情况填写。

h．隔离开关数。

【含义】指该组合电器内隔离开关的具体数量。

【规范】根据实际情况填写。

i．额定短时耐受电流（热稳定电流）。

【含义】指在规定的使用和性能条件下，在规定的短时间内，组合电器间隔内断路器在合闸状态下能够承载的电流的有效值。

109

【规范】根据断路器铭牌填写，单位为 kA。

9）母线：必填字段为下属单位、变电站、设备来源、安装位置代码、安装位置名称、电压等级、设计单位、接线方式、型号规格、投运日期、注册日期、资产属性、调度单位、所在电网、总长度、母线型式。

a．施工单位。

【含义】施工、安装该母线的单位名称。

【规范】填写该施工单位的准确全称。

b．接线方式。

【含义】指变电站内母线的接线方式。

【规范】按照实际情况填写。

c．型号规格。

【含义】反映母线截面形状、状态、合金化学成分、厚度、宽度等参量和母线类型、额定电压、额定电流、冷却方式、特征代号等参数的一系列信息。

【规范】按照实际情况填写。

d．额定电流。

【含义】流过母线导体的额定电流。

【规范】按照实际情况填写。

e．总长度。

【含义】指合金母线的总长度。

【规范】母线铭牌上有制造厂名称、商标和厂址、产品名称、产品型号、规格、产品批号、毛重、净重、定长、根数、出厂日期。其中定长乘以根数就是总长度。

f．导体制造厂。

【含义】制造母线导体的厂商。

【规范】填写制造厂商的准确全称。

g．绝缘制造厂。

【含义】制造母线绝缘件的厂商。

【规范】填写制造厂商的准确全称。

h．母线型式。

【含义】按照母线的状态分为软态和硬态。

【规范】按照实际情况填写。

i．导体出厂日期。

【含义】母线导体的出厂日期。

【规范】占 8 个字节，前 4 位表示年度，后 2 位表示月份，最后 2 位表示日。

j．绝缘出厂日期。

【含义】母线中绝缘件的出厂日期。

【规范】占 8 个字节，前 4 位表示年度，后 2 位表示月份，最后 2 位表示日。

k．绝缘材料基数。

【含义】支撑母线的绝缘材料个数。

【规范】按照实际情况填写。

10）常规字段。

a．下属单位。

【含义】公司下属单位。

【规范】根据单位名称完整填写。

b．变电站（所）。

【含义】电力系统的一部分，集中在一个指定的地方，通常包括电力系统安全和控制所需的设施，主要有输电和配电线路的终端、开关及控制设备、建筑物、变压器和保护装置。它是电力系统中变换电压、接受和分配电能、控制电力流向和调整电压的电力设施，通过变压器将各级电压的电网联系起来。

【规范】按照"××变电站（所）"格式填写。此项为必填项，不能为空。变电站（所）升压或改名后需要修改变电站（所）代码中的变电站（所）名称，不改变代码。升压后需要修改变电站（所）代码中的电压等级码。变电站（所）填写示例见表3-8。

表3-8 变电站（所）填写示例

序号	原错误写法	正确写法
1	××变	××变电站
2	（为空）	（不能为空）

c．设备来源。

【含义】设备投运前所在位置。用于区分设备是新设备还是轮换改造换过来的设备。

【规范】在"厂家"和"其他位置"（或改造）中选其一。

d．设备 ID：程序用，用户端不需填写。

e．变动号：程序用，用户端不需填写。

f．安装位置代码：有规则的标识某一位置的设备，由用户自行编排。（需要填写）

g．安装位置名称。

【含义】与安装位置相对应的中文表示。

【规范】名称中不能有空格。

如果需要填写数字时，全部使用阿拉伯数字，不要写成中文大写数字或罗马数字。例如：标识#1 主变压器时写"#1"，不要写成"一号"或者"I 号"。中文标识通常与调度命名一致。

标点、符号要用半角，不要写成全角。例如："#"用半角不要写成全角。

以相为记录单位的设备对应 A、B、C 相和中性点分别填 A、B、C、O。格式为"×相"，不加括号，不留空格。

不需加变电站名称。

主变压器采用中文表达方式"主变"，不要有以下写法：Tr、主变压器。

h．电压等级。

【含义】电网的电压级别序列。电网电压级别的标识。

【规范】字段的单位为 kV。字段是整数数据，输入时只写数字，不写单位"V"或者"kV"。

i．制造厂商。

【含义】设备的生产厂家。

【规范】按照厂家铭牌或说明书从系统下拉列表选择生产厂家名称，系统下拉列表中没有的需要向公司及以上主管部门申请添加，至少在一个数据库内设备生产厂家的代码和名称保持唯一。录入的厂家数据应严格按照设备铭牌上的厂家书写，不能多字少字，进口厂家的英文名称不能随便改为中文译名，要与铭牌上的一致。英文字符用半角。

j．资产属性。

【含义】指设施的产权归属单位，通常为某某有限责任公司。

【规范】填写产权单位名称，如"某某有限责任公司"。

k．出厂编号。

【含义】指设备铭牌（说明书）上注明的设备的出厂编号，是厂家标注在产品上的唯一编号，即机身号或制造号。

【规范】按照铭牌上的出厂编号填写。没有时可以空缺。

l．出厂日期。

【含义】设备生产完工，经检验合格后具备销售条件的日期。

【规范】占 8 个字节，前 4 位表示年度，后 2 位表示月份，最后 2 位表示日。按设备铭牌上的出产日期填写。

m．投运日期。

【含义】设备经过现场安装、试运、验收合格，办理了移交手续并首次正式投入运行的日期。

【规范】占 8 个字节，前 4 位表示年度，后 2 位表示月份，最后 2

位表示日。

n．注册日期。

【含义】纳入可靠性管理信息系统正式统计的日期，设备来源于厂家时，应于投运日期相同；设备来源于其他时，应为具备再投运条件并纳入可靠性统计的日期。

【规范】占 8 个字节，前 4 位表示年度，后 2 位表示月份，最后 2 位表示日。

o．退役日期。

【含义】设施永久退出电网运行的日期，即报废日期。

【规范】占 8 个字节，前 4 位表示年度，后 2 位表示月份，最后 2 位表示日。

p．退出日期。

【含义】指为了保证可靠性历史指标计算的稳定性，跟踪设备的管理关系、设备参数以及安装位置的改变，记录的设备退出可靠性管理统计的日期。

【规范】占 8 个字节，前 4 位表示年度，后 2 位表示月份，最后 2 位表示日。

q．调度单位。

【含义】电网运行的组织、指挥、指导和协调机构。

【规范】有调度权限的单位名称，如"某某集团公司、某某调度"。

r．所在电网。

【含义】自治区、市级电网调度机构名称。

【规范】"××电网"，××市名称。

s．区域类型。

【含义】电网所在地区的性质，农村电网或者城镇电网。

【规范】选择主城网或者农网。

t．型号规格。

【含义】采用汉语拼音大写字母（采用代表对象第一个、第二个汉字或某一个汉字的第一个拼音字母，必要时也可采用其他的拼音字母）或其他合适的字母来表示产品的主要特征，用阿拉伯数字表示产品性能水平代号或设计代号和规格代号。

【规范】按照设备铭牌上的标识填写。

u．设备型式。

【含义】由数字和字母组成，代码由系统自动生成。可表示设备的相数、绕组数、耦合方式、调压方式、绝缘介质、内部冷却方式、外部冷却方式、油循环方式等信息。

【规范】每位字母按照设备实际情况填写，代码由软件自动生成。

v．总重。

【含义】指输变电设备总体的重量。

【规范】按照设备铭牌填写，单位为 t。

w．油重。

【含义】油浸式电力设备内绝缘油的质量。

【规范】按照设备铭牌填写，单位为 t。

（三）工作流程

基础数据的收集、整理和维护一般是由供电单位的设备管理单位可靠性技术人员负责；数据维护后由变电管理处可靠性管理人员负责检查，确认和上报本企业可靠性管理部门，最终由本企业生产管理部门的可靠性专责审核后上报电科院及公司。

基础数据审核流程如图 3-10 所示。

（四）常见问题及注意事项

（1）变压器容量单位错误；应按照兆伏安（MVA）为单位进行注册，而不是千伏安（kVA）。其他所有设施数据单位录入应以界面为准，如录入错误会引起数据统计时出错。

（2）站用变压器注册数据遗漏。站用变压器注册数据的录入应与变压器注册数据录入相同，在变压器注册数据录入栏中录入，只是电压等级有所不同。

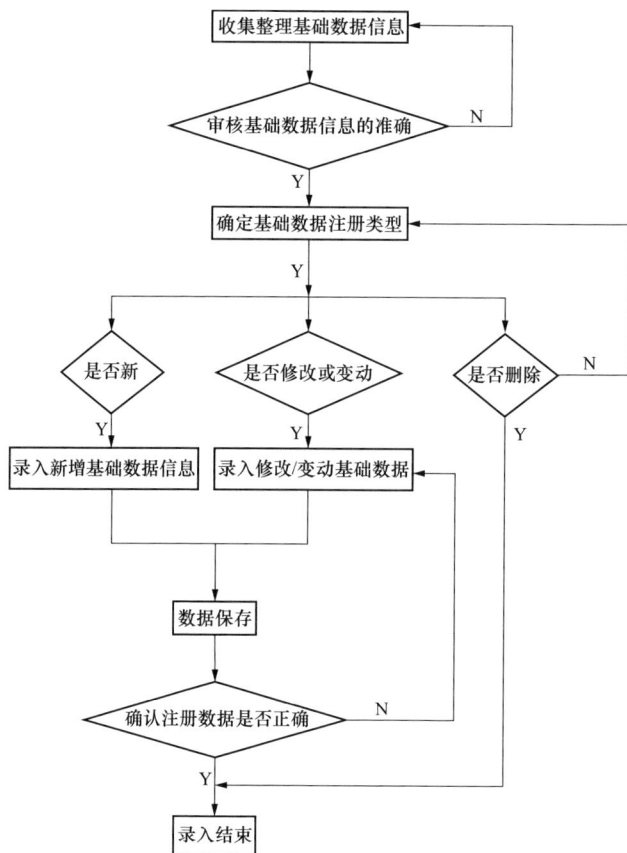

图 3-10　基础数据审核流程

（3）投运日期、注册日期不准确。新投运设施按照台账要求进行注册；变动、变更设施按照要求进行注册。

（4）全封闭组合电器未按照套进行注册，而是按设施进行注册，全封闭组合电器内部元件注册数据不齐全，不完整。

（5）变电站代码、安装位置代码等均没有按照相关规定填写。

（6）设备制造厂家名称填写不准确。

（7）资产属性、调度单位、电网单位没有按照规定的要求填写。资产属性直接归属某电网公司资产，填写"某电网公司"；归属本企业单位资产，填写"本企业单位资产"，归属地方政府或其他单位委托管理的资产，填写相应单位。调度单位填写本企业及以上调度单位。电网单位填写"某电力集团公司"。

（8）混淆"退出"与"退役"的区别。"退出"指设施离开原安装位置，经过返厂检修或其他形式检修等过程，一段时间后可能会重新投入运行；"退役"指设施报废，不会再投入电网运行。

二、运行数据管理

（一）运行数据管理要求

数据填报必须遵循"三性"的原则，即及时性、准确性、完整性。

变电设施运行数据要求按周进行上报：

（1）每周五下午 18:00 前完成本周变电设施运行数据维护。

（2）每月最后一天 18:00 前完成本月变电设施运行数据的维护。报送企业发现数据有误需要更正时，应及时以书面形式说明原因。电科院依据各供电公司数据汇总，在月初核对上月数据及时率情况，上报公司。

（二）工作内容

变电设施可靠性运行数据由相关编码和运行事件描述参数构成，包括设施的位置属性、运行事件的时间属性、可靠性状态属性、事件属性等信息。相关编码在基础数据维护过程中已经完成，运行数据通过这些编码与设施相关联。

运行数据的统计主要包括可靠性状态分类、停运事件分类、停运事件的定性、停运事件时间的统计等。运行数据的管理就是收集、整理、维护及审核设施运行数据。

1. 收集与整理

运行数据的收集和整理要求对设施的运行信息进行收集，按照一定的格式进行整理。数据收集的主要内容包括：

（1）生产工作计划。年度、季度、月度生产计划。

（2）调度运行记录。设施运行数据记录时间范围内的（一般为本周或本月）的调度运行日志。

（3）变电运维记录。设施运行数据记录时间范围内的（一般为本周或本月）变电运维记录（包括变电运行日志、变电站检修记录、事故跳闸记录）。

（4）工作票。设施运行数据记录时间范围内的（一般为本周或本月）工作票及工作票记录等。

（5）操作票。设施运行数据记录时间范围内的（一般为本周或本月）操作票及操作票记录等。

（6）检修记录。设施运行数据记录时间范围内的（一般为本周或本月）设施检修记录。

（7）带电作业工作票。

（8）缺陷记录。

（9）抢修单。

（10）故障分析报告。

根据收集到的以上信息，应先进行数据的初步整理。

2. 整理内容

（1）"是否有计划"，若设施进行的工作在年度、季度、月度计划中已经编排了，则填写"是"；若在年度、季度、月度计划中无此项工作，则填写"无"。

（2）"工作内容"，填写工作票上与该设施有关的工作内容。

（3）"停役开始操作（或跳闸）时间"，填写设施停役操作票的操作开始时间或者设施跳闸时间。

（4）"复役操作结束时间"，填写设施复役操作票的操作结束时间。

（5）"超计划工作时间段"，填写设施工作时间中超过调度许可的工作时间段。

3. 运行数据填报方法

变电设施包括变压器、电抗器、断路器、电流互感器、电压互感器、隔离开关、避雷器、全封闭组合电器（GIS）、母线共9类。

（1）三相共体变压器及单相变压器（包括备用相）按照1个个体

次进行运行事件录入。

（2）电抗器均按照 1 个个体次进行运行事件录入。

（3）断路器均按照 1 个个体次进行运行事件录入。

（4）隔离开关均按照 1 个个体次进行运行事件录入；单相中性点隔离开关按照一个个体次进行运行事件录入。

（5）母线以三相为 1 个个体次进行运行事件录入。

（6）电流互感器、电压互感器、避雷器均以 1 相为 1 个个体次进行运行事件录入，中性点电流互感器、避雷器、电抗器按 1 个个体次进行运行事件录入。

（7）全封闭组合电器中的断路器、电流互感器、电压互感器、连接件、隔离开关、避雷器在组合电器设施下为 1 个个体进行运行事件录入。

4. 运行数据填报要求

（1）对于一张工作票中既有小修又有试验等工作内容的一停多用情况，按"改造施工、大修、小修、试验、清扫"的顺序填报一项。

（2）断路器处于热备用状态（两端带电），按照"运行"进行统计。如线路故障断路器跳闸，断路器未损坏，且线路未改为检修状态，则该线路计非计划停运 1 次，由于两侧断路器处于热备用状态（视为运行状态），无需填报运行数据。若线路改为检修状态，则该线路计非计划停运 1 次，两侧断路器、隔离开关等均填报受累停运事件。

（3）全封闭组合电器的运行事件应按照引起停运的部件在全封闭组合电器运行事件中填报。

（4）对于一个设备间隔的综合检修，进行检修作业的设施都必须按计划停运统计，不得只将其中某一类设施按计划停运统计。没有进行检修作业的其他设施按"受累备用"统计。

（5）运行事件的填报依据必须以变电站现场操作票、工作票、值班日志、检修记录等原始记录为准。

（6）有检修工作的设备，以工作票上"许可开始工作时间"至"工作终结时间"之间的持续时间作为统计停电时间。当同一设备停电同时有几张工作票时，"停电开始时间"以各工作票中许可开工时间最早的为准，"停电终结时间"以各工作票中工作结束时间最晚的为准。

（7）综合检修票的统计。若各设备检修时间不一致，以工作票（分工作票）上分别标注的各设备"许可开始工作时间"至"工作终结时间"为准。若上述记录均没有，则以综合工作票上的"许可开始工作时间"至"工作终结时间"为准。同时停运但无检修工作的设备，按"受累运备用"统计，统计时间以综合工作票上的"许可开始工作时间"至"工作终结时间"为准。

（8）由于其他电力设施故障引起的变电设施停运，设施发生损坏的，该设施按"第一类非计划停运"统计；设施未发生损坏，若进行了年、季、月度计划外的试验和检查，该设施按"第三类非计划停运"统计；若进行了年、季、月度计划内的试验和检查，该设施按"计划停运"统计；若未进行试验和检查，该设施按"受累备用"统计。

（9）由于人员责任误碰、误操作或继电保护、自动装置非正确动作（包括拒动和误动）、二次回路、远动或通信设施异常等引起的设施停运，相应主设备应记"第一类非计划停运"1次，其他设备未发生损坏的按"受累备用"统计，发生损坏的按"第一类非计划停运"统计。

（10）二次设备、通信远动设备改造，造成相关主设备（变压器、断路器等）停运，相关主设备按"受累备用"统计。

但如利用二次设备、通信远动设备改造期间对主设备进行检修工作，若主设备检修列入年度、季（月）度检修计划的，相关主设备须按"计划停运"统计；若经调度批准临时进行检修工作，并且检修工作时间在调度批准时间内的，应按"第四类非计划停运"统计。

（11）新间隔接火造成的母线停运是按母线"计划停运"的"改造施工"进行统计。

（12）近区故障造成变压器、断路器等设施需试验检查，无论设备是否损坏，该设施进行试验检查，均应按照"非计划停运"进行统计。

（13）变压器停电进行"调无励磁分接开关分接头"工作，变压器应按"计划停运"的"试验"填报。

（14）各类设施的备注字段均应填写。

5. 设施变动

在对变电设施进行变动处理时，应注意"删除""退役""退出"功能的区别。"删除"操作仅针对原数据维护错误或重复等情况。注意若设施发生变动（如更换或报废），需做退出或退役处理，不能直接进行"删除"操作。"退役"指设施报废。"退出"指设施由于某种原因离开安装位置，并且在该安装位置上又有同类设施投运（包括轮修、返厂大修、增容改造、移位等），或者设施由于电网结构调整原因长期退出调度管辖。其中设施"退出"和"退役"统称为设施变动，设施变动包括以下情况：

情况1：原设施在新的安装位置投运的时候，原安装位置仍无新设施安装到位，且原设施具备投运条件。

情况2：原设施离开原安装位置，并且该位置一直无新设施安装到位，且原设施具备投运条件。

情况3：原设施正常到期报废。

情况4：原设施未发生位置改变，但退出运行且调度不再管辖。

情况5：原设施停运，先在原位置安装了新设施，原设施后在新位置投运。

情况1～4，原设施不计停运事件，在停运时间点直接办理退出（或退役），新设施在送电后注册。第5种情况，原设施计停运1次，事件起始时间为"原设施停运时间"，指标计算的不可用时间按照停运性质取其相应的起止时间。原设施在"新设施安装到位并具备投运条件时间"办理退出，在新设施送电后进行注册。

6. 运行数据维护

（1）维护说明。变电可靠性专责和班组在设施运行数据维护前需要收集相关的可靠性运行数据需要的相关信息。确保运行新增数据的准确性。

可靠性数据按照公司规定，每月1日将锁定可靠性程序，避免可靠性专责任意修改上报数据，如有必要进行修改数据，应按照可靠性程序流程要求逐级上报上级单位，提出申请，认可后方能进行修改。

（2）设施停运事件性质判断。

1）计划停运事件的判断

a．为分析方便，可以将日常生产中的经常性的停运事件（此处指列入年度、季度、月度计划，不包括周计划的停电事件）进行归类，如设施改造、整体性检修、局部性检修、常规性检修、消缺性检修等。可靠性统计将这些日常生产中的计划停运事件分为改造施工、大修、小修、试验、清扫。为了可靠性统计分析需要，将其中的改造施工划分为三类，即技术改造、基础设施建设和电网建设。其中，技术改造是指利用国内外成熟、适用的先进技术，以提高安全性、可靠性、经济性和满足节能降耗要求，并增加生产能力，提高设备性能或延长使用年限而进行完善、配套和改造。基础设施建设是指政府或企业的基础设施建设。如铁路、公路建设改造和房地产开发等原因进行的各类改造施工。电网建设是指服务于扩大内需，加大基础设施的建设，科学规划、精益建设，全面提升电网供电能力的建设工作。

b．日常生产中还有一些停电事件如无载变压器调分接头、母线接火（搭头）、可靠性统计将无载变压器调分接头记为试验，母线接火（搭头）记为改造。

c．一般情况下，处理缺陷是指消除对影响电网安全运行的一般、严重、危急缺陷的活动过程；周期性试验（校验）指为了提高设备运行的可靠性和健康水平，切实减少设备零部件的损坏，保证电网更加安全、稳定运行，周期性进行日常检定、校验、维修和技术改进等工作。

2）非计划停运事件的判断。非计划停运事件主要指日常生产中的异常停运事件，如故障跳闸、故障拉停、未列入计划的设施消缺或检修。可靠性统计将这些日常生产中的异常停运事件分为第一、二、三、四类非计划停运。

3）备用停运事件的判断。备用停运事件是指设施可用，但未发挥规定功能的状态。分为调度备用和受累备用状态。变电设施在检修作业时会产生备用停运事件，包括作业前、后的受累备用。断路器处于热备用状态不属备用停运，应视为运行状态。对长期处于备用状态的断路器进行动作试验也不属备用停运，应按"试验"填报。对于无功设备（电容器组、电抗器组）的投退，由于其调压作用的特殊性，建议在无故障的状态下，无检修或试验工作时，无论转热备用还是冷备用状态，都按照"运行"状态填报。

（3）设施停运事件时间的判断。设施停运事件时间统计的依据为运行日志、工作票、操作票。

1）计划停运事件的时间统计。变电设施计划停运的起始时间按工作票的"许可开始工作时间"统计，终止时间按工作票的"工作终结时间"统计。见表3-9。

表 3-9　　　　　　　　计划停运时间的选择依据

时间	时间选择依据
设备停运时间	停电操作票上"操作开始时间"
许可开工时间	工作票上"许可开始工作时间"
工作终结时间	工作票上"工作终结时间"
恢复运行时间	送电操作票上"操作结束时间"

2）非计划停运事件的时间统计。在变电设施非计划停运事件的时间统计时，第一类非计划停运（故障跳闸）的时间统计按照调度记录上的"设备故障停电时间"至"向调度正式报备用时间"（默认为工作终结时间）为准；第二类非计划停运（危急缺陷、紧急拉停）的时

间统计按停运时间按照调度记录上的"设备停运时间"至"向调度正式报备用时间"（默认为工作终结时间）为准；第三类非计划停运（消缺性检修）的时间统计按工作票上的"许可开始工作时间"开始至工作票上的"工作终结时间"为止；第四类非计划停运（若不能如期恢复其可用状态，则超出预定计划时间的停运部分）按调度批准的设施停运结束时间至工作票上的"工作终结时间"为止。

如变压器保护动作跳闸（由于人员责任误碰、误操作或二次保护系统引起的）的时间统计，停运时间按照调度记录上的"设备停运时间"至"向调度正式报备用时间"为准。见表 3-10～表 3-15。

表 3-10　　　　　　　第一类非计划停运时间选择依据

时间	时间选择依据
设备停运时间	调度日志或变电站运行日志上"设备故障停电时间"
向调度报备用时间	调度日志记录上"向调度正式报备用时间"（默认为工作终结时间）
恢复运行时间	送电操作票上"操作结束时间"

表 3-11　　　　　　　第二类非计划停运时间选择依据

时间	时间选择依据
设备停运时间	调度日志或变电站运行日志上 "设备停运时间"
向调度报备用时间	调度日志记录上"向调度正式报备用时间"（默认为工作终结时间）
恢复运行时间	送电操作票上"操作结束时间"

表 3-12　　　　　　　第三类非计划停运时间选择依据

时间	时间选择依据
设备停运时间	停电操作票"操作开始时间"
许可开工时间	工作票上的"许可开始工作时间"
工作终结时间	工作票上的"工作终结时间"
恢复运行时间	送电操作票上"操作结束时间"

表 3-13　第四类非计划（计划检修超期部分）时间选择依据

计划检修部分	时间选择依据
设备停运时间	停电操作票"操作开始时间"
许可开工时间	工作票上的"许可开始工作时间"
工作终结时间	停电计划检修申请单中的"计划结束时间"
恢复运行时间	停电计划检修申请单中的"计划结束时间"
计划检修超期部分	时间选择依据
设备停运时间	停电计划检修申请单中的"计划结束时间"
许可开工时间	停电计划检修申请单中的"计划结束时间"
工作终结时间	工作票上的"工作终结时间"
恢复运行时间	送电操作票上的"操作结束时间"

表 3-14　第四类非计划停运［备用状态的设施（短期、未跨月）］时间选择依据

时间	时间选择依据
设备停运时间	备用停电操作票"操作开始时间"
许可开工时间	工作票上的"许可开始工作时间"
工作终结时间	工作票上的"工作终结时间"
恢复运行时间	备用结束送电操作票上"操作结束时间"

表 3-15　第四类非计划停运【未列入计划的备用状态的设备检修、试验、清扫（长期）】时间选择依据

检修前备用部分（调度停备用）	时间选择依据
停备开始时间	停电操作票上"操作开始时间"
恢复运行时间	工作票上"许可开始工作时间"
计划检修部分	时间选择依据
设备停运时间	工作票上"许可开始工作时间"
许可开工时间	工作票上"许可开始工作时间"

计划检修部分	时间选择依据
工作终结时间	工作票上"工作终结时间"
恢复运行时间	工作票上"工作终结时间"
检修后备用部分（调度停备用）	时间选择依据
停备开始时间	工作票上"工作终结时间"
恢复运行时间	送电操作票上"操作结束时间"

3）备用停运事件的时间统计。对于变压器、断路器、隔离开关、母线、组合电器 5 类设施，应严格按照《输变电设施可靠性评价规程》要求填报设施的运行事件和原因。备用时间统计从设施停役操作票"操作开始时间"开始至复役操作票"操作结束时间"为止。

4）变电设施在检修作业时产生的备用停运事件也应维护，时间统计包括检修前备用、停运时间和检修后备用停运时间。检修前备用停运时间按设施停役操作票"操作开始时间"至工作票上的"许可开始工作时间"为止进行统计；检修后备用停运时间按工作票上的"工作终结时间"开始至复役操作票"操作结束时间"为止进行统计。见表 3-16。

表 3-16　　　　备用停运时间选择依据

时间	时间选择依据
停备开始时间	停电操作票上"操作开始时间"
恢复运行时间	送电操作票上"操作结束时间"

（4）设施停运事件技术原因、责任原因的判断。

1）停电技术原因。停电技术原因按照停电设备的类别、部位分别选择（试验和清扫工作不需选择技术原因）。

2）停电责任原因。停电责任原因用来描述变电设施停电的责任和原因。同时进行多项检修工作的，按照停电检修时间最长的工作选择停电责任原因。目前，变电设施可靠性系统的责任原因按具体情况，统一划分为规划因素、物资因素、建设因素、检修因素、运行因素、外部因素、自然因素、原因待查八大类。各类停电责任原因分类如下：

a. 规划因素。由于在电力生产过程中发生因规划、设计不周引起的设备停役。主要包括由于规划设计标准低于电网发展需要而引起的设备投运后的非计划停运；由于规划设计不合理、设备选型不当而引起的设备投运后的非计划停运。

b. 物资因素。由于在电力生产过程中发生因产品质量不良等原因引起的设备停役。主要包括指设备本身的结构设计、制造工艺、试验不符合标准、部件材料选择等不合格造成的非计划停运。

c. 建设因素。由于在电力生产过程中发生因施工安装不良等原因引起的设备停役。主要由于施工人员未按设计要求施工、安装工艺不过关、责任心不强，安装过程中出现漏装、错装、遗留异物等而引起的设备投运后的非计划停运和由于土建基础不良（倾斜、损伤、损坏、裂纹、开裂、开焊、沉陷等）而引起的设备投运后的非计划停运。

d. 检修因素。由于在电力生产过程中发生因检修质量不良等原因引起的设备停役。主要由于检修人员在检修工作中出现错装、错接、安装工艺不过关、检修完成后异物遗留在设备中、检修工作中出现漏项、调整试验不当、消缺不及时等原因而引起的设备投运后的非计划停运。

e. 运行因素。由于在电力生产过程中发生因运行不当、管理不当、调度不当等原因引起的设备停役。

a）运行不当。主要由于运行人员误碰运行设备、违章误登运行设备、巡视不到位、监视和调控不当、误操作，运维人员维护不到位等原因而引起的非计划停运。

b）管理不当。由于运维管理工作落实不力、没有按规定时间及时消缺、计划安排不当等引起的非计划停运，包括地市级供电企业组织或由其管理的转包工程的施工由于管理不善如调度管理和指挥管理不当等原因引起的非计划停运。

c）调度不当。主要是由于调度人员误调度、误整定而引起的非计划停运。

f. 外部因素。由于外力影响，动物、电力系统影响，其他设备和二次设备影响等外部原因引起的设备非计划停运。

其中，外力影响指由于外部火灾、爆炸、盗窃、交通运输碰撞、电信影响、外部施工、外部环境不良（如高空坠物、风等、空中漂浮、火灾）和农业生产等原因引起的非计划停运；其中外部施工是指非地市级供电企业组织和管理的施工由于管理不善，如施工机械碰撞、挖断，与运行设备安全距离不符合规程要求、施工抛物等情况。动物影响指由动物活动而引起的非计划停运。电力系统影响指由于其他设备如直流输电系统故障、输电线路和变电设施限制、输变电设施检修、系统电源不足等而引起本设备非计划停运；如发电厂的其他机组影响设备的非计划停运，责任原因就是电力系统影响。二次设备影响指由于二次系统故障引起的非计划停运。

g. 自然因素。由于局部小范围的天气因素或大面积的自然灾害造成的非计划停运。自然因素包括：雷害（指由于雷害造成的设备绝缘击穿、闪络等原因而引起的非计划停运）、大风（指由于大风造成导线舞动、设备倾覆、移位等而引起的非计划停运）、大雾（指由于大雾造成设备闪络而引起的非计划停运）、大雨（指由于大雨造成设备绝缘击穿、闪络而引起的非计划停运，或大雨引起山体滑坡造成杆塔倾覆、设备淹埋等而引起的非计划停运，包括泥石流、山体滑坡）、高温（指由于大气环境温度过高而造成的非计划停运）、洪水（指由于30年及以上一遇的洪水造成设备损坏、淹埋而引起的非计划停运）、冰（雹、雪）灾（指由于冰、雪造成导线断裂、变形而引起的非计划停运，或覆冰造成设备绝缘击穿、闪络、断线而引起的非计划停运）、地震（指由于地震造成设备损坏而引起的非计划停运)、其他自然因素(指除上述以外的自然因素而引起的非计划停运,如沙尘暴等造成设备闪络、绝缘击穿、设备损坏引起的非计划停运)。

h. 待查。设备非计划停运责任原因不清或原因未查明。

3)设施停运事件备注的填写。所有运行数据都需要在备注中用文字说明停电的相关信息。填写外部停电和自然灾害、气候因素等责任原因和停电信息选项中有"其他"时,必须在备注中注明详细信息。所有非计划停运事件均应在备注中填写事件详细原因。

7. 运行数据审核

变电管理处及分管可靠性管理人员在规定的期限内及时对录入的运行数据逐项逐条进行审核。停运事件的定性、停运事件的起止时间和停运事件的编码是重点审核对象。

运行数据的收集整理和维护一般由所属单位分管变电可靠性专责和班组负责,数据录入信息系统后由变电工区可靠性管理人员负责检查,然后由变电工区可靠性管理人员负责全部数据的确认和上报本企业生产可靠性管理部门,最终由本企业生产管理部门的可靠性专责审核后上报电科院及公司。

运行数据在锁定状态下修改或增加时,该记录会自动记入非正式记录表中,并且提交到数据审批中来。数据审批功能只能由地市公司先审批再报送电科院及公司进行审批。

数据审批主要对待审批的数据记录进行审批;也可以查看以往时间段内的拒绝的审批记录。

数据锁定分为地市锁和省锁。地市锁时,地市公司可以直接同意或拒绝;省锁时,需要先有地市公司同意,公司才能够查看该记录并且进行审批操作。

(三)工作流程

运行数据填报工作流程如图 3-11 所示。

```
┌─────────────────────────┐
│   收集、整理好相关数据      │
└─────────────────────────┘
            │
            ▼
┌─────────────────────────────────┐
│  输电管理处可靠性管理登录可靠性程序   │
└─────────────────────────────────┘
            │
            ▼
      ◇ 是否当月运行数据 ◇ ──Y──┐
            │                 │
            N                 │
            ▼                 │
┌─────────────────────┐        │
│   填写数据修改申请      │        │
└─────────────────────┘        │
            │                 │
            ▼                 │
┌─────────────────────┐        │
│   供电局、公司批复      │        │
└─────────────────────┘        │
            │                 │
            ◄─────────────────┘
            ▼
┌───────────────────────┐
│  新增、修改、删除运行数据  │
└───────────────────────┘
            │
            ▼
      ◇ 检查数据是否准 ◇ ──N──┐
            │                 │
            Y                 │
            ▼                 ◄
┌─────────────────┐
│   保存运行数据     │
└─────────────────┘
            │
            ▼
      ┌─────────┐
      │ 结束流程  │
      └─────────┘
```

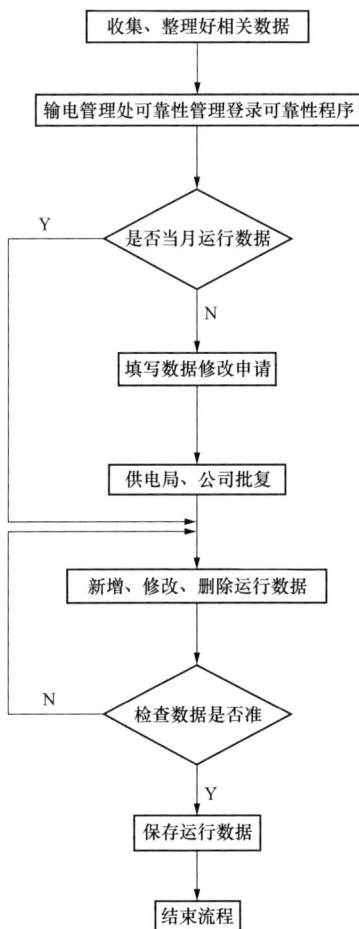

图 3-11　运行数据填报工作流程

（四）常见问题及注意事项

运行数据中目前存在填写不准确、不完整的问题，主要包括以下几个方面。

（1）填写运行事件时选择设备错误。

（2）事件状态定性不准确。

（3）事件时间填写不准确。

（4）事件代码填写不准确、不完整。

（5）跨月数据填写容易漏报。

（6）运行事件责任停电设备明细不全、责任原因、技术原因程序数据库需完善，为说明问题只能填入备注栏，不利于系统统计分析。

（五）相关范例

1. 调度备用

2023年10月13日 12:28调度下令220kV某线路由运行转冷备（因系统运行方式要求），12:35开始停电，20:40恢复运行，变电站和线路均无工作。见表3-17。

表3-17　　　　　　　　　　调度备用填写

状态分类	调　度　备　用
停备开始时间	2013 年 10 月 13 日 12:35
恢复运行时间	2013 年 10 月 13 日 20:40

注意，本间隔单独停电计划停运事件，间隔内断路器、电流互感器、出线侧隔离开关、电压互感器录入停运时间，母线侧隔离开关由于静触头带电，不录入停运数据。

2. 受累备用

2022年4月28日某变电站于06:55—21:46 #2主变压器停电，处理302-6隔离开关发热。系统#2主变压器录入内容见表3-18。

表3-18　　　　　　　　　　受累备用填写

状态分类	受　累　备　用
停备开始时间	2022 年 4 月 28 日 06:55
恢复运行时间	2022 年 4 月 28 日 21:46

3. 大修

500kV某变电站2022年4月12日#2主变压器由运行转检修，主变压器大修、更换调压装置，工作至15日。

根据公司2022年4月检修计划安排，500kV某变电站于2022年4月12日06:55开始停电，2022年4月15日21:46送电结束。许可开工时间 2022 年 4 月 12 日 08:40，工作终结时间 2022 年 4 月 15 日 18:15。见表 3-19。

表 3-19　　　　　　　　　　　大修填写

状态分类	大修
停电设备	根据实际情况选择
技术原因	根据实际情况选择
责任原因	产品质量不良
停备开始时间	2022 年 4 月 12 日 06:55
许可开工时间	2022 年 4 月 12 日 08:40
工作终结时间	2022 年 4 月 15 日 18:15
恢复运行时间	2022 年 4 月 15 日 21:46

注意，大修停运事件，停电设备、技术原因、责任原因均需要填写。

4. 小修

根据公司 2022 年 4 月检修计划安排，500kV 某变电站#3 主变压器及 35kV Ⅲ母于 4 月 28 日 07:30 开始停电，2022 年 4 月 30 日 14:55 送电结束，站内#3 主变压器 C 类检修，许可开工时间为 4 月 28 日 10:35，工作终结时间为 4 月 30 日 10:10 见表 3-20。

表 3-20　　　　　　　　　　　小修填写

状态分类	小修
停电设备	根据实际情况选择
技术原因	根据实际情况选择
责任原因	产品质量不良—零部件不合格
停备开始时间	2022 年 4 月 28 日 07:30
许可开工时间	2022 年 4 月 28 日 10:35
工作终结时间	2022 年 4 月 30 日 10:10
恢复运行时间	2022 年 4 月 30 日 14:55

注意，小修停运事件，停电设备、技术原因、责任原因均需要填写。

5. 试验

根据公司 2022 年 4 月检修计划安排，500kV 某变电站#3 主变压器及 35kV Ⅲ母于 4 月 28 日 07:30 开始停电，2022 年 4 月 30 日 14:55 送电结束，站内#3 主变压器高压试验，许可开工时间为 4 月 28 日 10:35，工作终结时间为 4 月 30 日 10:10。

录入内容（以#3 主变压器为例）见表 3-21。

表 3-21 试验填写

状态分类	试验
停备开始时间	2022 年 4 月 28 日 07:30
许可开工时间	2022 年 4 月 28 日 10:35
工作终结时间	2022 年 4 月 30 日 10:10
恢复运行时间	2022 年 4 月 30 日 14:55

注意，试验、清扫停运事件录入时，停电设备、技术原因、责任原因均不需要填写。

6. 改造施工

500kV 某变电站 220kV Ⅲ母于 2022 年 1 月 9 日 07:21 开始停电，2022 年 1 月 13 日 19:28 送电结束，许可开工时间 2022 年 1 月 9 日 09:10，工作终结时间 2022 年 1 月 13 日 12:35 新扩建间隔接火。见表 3-22。

表 3-22 改造施工

状态分类	改造施工
停电设备	母线—管型母线
技术原因	根据实际情况选择
责任原因	根据实际情况选择

续表

状态分类	改造施工
停备开始时间	2022 年 1 月 9 日 07:21
许可开工时间	2022 年 1 月 9 日 09:10
工作终结时间	2022 年 1 月 13 日 12:35
恢复运行时间	2022 年 1 月 13 日 19:28

7. 第一类非计划停运

2022 年 3 月 9 日某变电站#2 主变压器于 01:10 主变压器重气体保护动作，三侧断路器跳闸，修试检查原因为：气体继电器进水。于 2022 年 3 月 11 日 02:50 #2 主变压器故障处理完成毕，于 08:25 #2 主变压器送电，全站方式倒正常。

该事件将会产生#2 主变压器第一类非计划停运、主变压器断路器、隔离开关等受累备用事件，需要可靠性管理人员当月及时录入。录入内容见表 3-23。

表 3-23   第一类非计划停运填写

状态分类	第一类非计划停运
停电设备	变压器—非电量保护装置—瓦斯继电保护—密封
技术原因	进水
责任原因	产品质量不良—材质不良
停备开始时间	2022 年 3 月 9 日 01:10
向调度报备时间	2022 年 3 月 11 日 02:50
恢复运行时间	2022 年 3 月 11 日 08:25
备注说明	气体继电器进水

判断标准为：①该类停运未列入年度、季度、月度检修计划；②设施立即从可用变为不可用。

注意，线路跳闸时，若断路器未损坏，且线路未改为检修状态，则该线路计非计划停运一次，由于两侧断路器处于热备用状态（视为运行状态），无需填报运行数据，但需在信息系统中填报断路器开断次数与开断电流信息，若此时线路改为检修状态，则该线路计非计划停运 1 次，两侧断路器、线路隔离开关均填报受累停运事件。

8. 第二类非计划停运

2022 年 2 月 23 日 10:00 发现 500kV 某变电站 5042 断路器机构漏油，于 2 月 23 日 14:13 停电，14:30 分处理完毕，于 15:25 送电结束。根据第二类非计划停运定义：该设施虽非立即停运，但不能延至 24h 以后停运者（从向调度申请开始计时）。该断路器应录入第二类非计划停运 1 次。见表 3-24。

表 3-24 第二类非计划停运填写

状态分类	第二类非计划停运
停电设备	断路器—操作机构—液压机构—油箱
技术原因	漏油
责任原因	产品质量不良—零部件不合格
停备开始时间	2022 年 2 月 23 日 14:13
向调度报备时间	2022 年 2 月 23 日 14:30
恢复运行时间	2022 年 2 月 23 日 15:25
备注说明	机构漏油

判断标准为：①该类停运未列入年度、季度、月度检修计划；②输电设施没有立即从可用变为不可用，但是从可用变成不可用的时间不能超过 24h。通常指输变电设施发生了比较严重和紧急的缺陷、或者因为运行环境等引起的紧急停运。

9. 第三类非计划停运

2021 年 9 月 23 日 01:00 发现 220kV 某线路 TA A 相渗油并汇报调度，于 9 月 24 日 02:01 停电，许可开工时间 02:20，工作终结时间 08:30，于 08:55 送电结束。根据第三类非计划停运定义：处于延迟至 24h 以后，从可用改变到不可用的非计划停运状态。该 TA 应录入第三类非计划停运 1 次，间隔其他设备受累停运。见表 3-25。

表 3-25　　　　　　　　　第三类非计划停运填写

状态分类	第三类非计划停运
停电设备	电流互感器—油浸电流互感器—底座—法兰盘
技术原因	渗油
责任原因	产品质量不良—零部件不合格
停备开始时间	2021 年 9 月 24 日 02:01
许可开工时间	2022 年 2 月 24 日 02:20
工作终结时间	2022 年 2 月 24 日 08:30
恢复运行时间	2022 年 2 月 24 日 08:55
备注说明	机构漏油

判断标准为：①该类停运未列入年度、季度、月度检修计划；②设施没有立即从可用变为不可用，延迟至 24h 后停运。

10. 第四类非计划停运

2022 年 1 月 17 日，某变电站#1 主变压器 C 类检修、处理高压侧套管渗油，计划工作时间为 08:00—17:00，但在计划停电时间内未完成此项工作，故申请延期，19:30 工作结束，20:45 #1 主变压器转运行。根据第四类非计划停运定义：对计划停运的各类设施，若不能如期恢复其可用状态，则超过预定计划时间的停运部分。因此该主变压器应录入第四类非计划停运 1 次。

该事件分两部分录入：计划内停电按"小修"录入（工作终结时间、恢复运行时间为计划停电结束时间）；超过计划时间的按"第四类非计划停运"录入（在是否计划延期前打√，设备停运时间、许可开工时间为计划停电结束时间）。（小修录入内容略）第四类录入内容见表 3-26。

表 3-26 第四类非计划停运填写

状态分类	第四类非计划停运
停电设备	变压器—套管—充油试套管—密封胶圈
技术原因	根据实际情况选择
责任原因	根据实际情况选择
停备开始时间	2022 年 01 月 17 日 17:00
许可开工时间	2022 年 01 月 17 日 17:00
工作终结时间	2022 年 01 月 17 日 19:30
恢复运行时间	2022 年 01 月 17 日 20:45

第三节 指标计算与应用

变电设施可靠性指标以大量事件积累和生产事实为基础，对变电设施可靠性的指标进行统计分析，是深入掌握变电设施在电力系统中运行状况的主要手段，是对变电设施是否可用的量化描述，是反映规划设计、物资采购、基建建设、调度运行、运维检修等各个环节综合水平的度量，是衡量变电设施技术状况的主要依据，为制定电力系统有关的可靠性准则提供依据。主要指标有可用系数、计划停运率、非计划停运率、强迫停运率等。

一、指标分类

变电设施可靠性指标可以由"可靠性信息系统"根据录入的基础数据和运行数据计算生成，对纳入统计的变电设施，其可靠性的统计评价指标主要可分为次数类指标、时间类指标和比例类指标数类指标三类。

二、指标定义

（一）时间类定义

（1）持续时间 DT 是在时间尺度上变电设施同类单个使用状态的

起始时刻和终止时刻之差。

持续时间是从变电设施某个使用状态的开始时刻到该状态终止时刻所持续的时间长度。使用状态包括可用状态、运行状态、备用状态、计划停运状态、非计划停运状态等。

假如某电力公司某台变压器按照月度计划于 3 月 2 日 08:10 停运进行检修工作，工作票的计划开工时间和计划结束时间段为 3 月 2 日 08:10—3 月 3 日 09:40，而工作票中的实际许可开工时间和实际结束时间为 3 月 2 日 08:20—3 月 3 日 15:50，3 月 3 日 18:30 复役。则此台变压器处于小修停运状态的持续时间为 3 月 2 日 08:20—3 月 3 日 09:40，共 25h 20min。此台变压器处于第四类非计划停运状态的持续时间为 3 月 3 日 09:40—15:50，共 6h 10min。

（2）累积时间 AT 是给定时间区间内，变电设施同一类使用状态持续时间之和。

在计算上，某类使用状态累积时间 AT 为给定时间区间内的该类同一使用状态持续时间 DT 的和。

假如某台变压器在 2020 年 1 月 2 日 08:00—11:00 处于小修停运状态，2 月 21 日 13:00—16:30 处于第一类非计划停运状态，3 月 20 日 09:00—3 月 21 日 11:00 处于第二类非计划停运状态，则该变压器在第一季度的小修停运状态累积时间为 3h，非计划停运状态累积时间为第一类非计划停运持续时间 3.5h 和第二类非计划停运持续时间 26h 之和，共 29.5h。

（3）评价期间时间 PT 是根据评价需要选取的时间区段对应的持续时间。

注意，评价期间时间为评价选取的时间区段对应的小时数，与评价设施的数量无关。

假如选择 2020 年 1 月为评价期间时间，$PT=31×24=744$（h）；如果选择 2020 年第 1 季度为评价期间时间，$PT=（31+29+31）×24=2184$（h）；如果选择 2020 年全年为评价期间时间，因为 2020 年为闰年，全年一共 366d，PT=366×24=8784（h）；如果选择 2021 年全年为评价期间时间，因为 2021 年为平年，全年为 365d，PT=365×24=8760（h）。

（4）评价期间使用时间 PAT：是评价期间选取的变电设施处于使用状态下的持续时间之和，公式为：

$$PAT = \sum_j DT_j$$

式中：PAT——评价期间使用时间，h；

DT_j——评价期间第 j 个变电设施使用状态的持续时间，h。

该指标用于计算评价期间内，变电设施同一类使用状态累积时间占评价期间使用状态累积时间的比例指标（可用系数 R_1、运行系数 R_2、计划停运系数 R_7、非计划停运系数 R_{13} 和强迫停运系数 R_{18}）。

（5）根据设施属性，具体计算公式又细分为单设施、同一电压等级同类多设施和不同电压等级同类多设施三种情况。以 PAT 表示评价期间使用时间，则

1）单设施：

PAT=Σ 评价期间变电单设施使用状态的持续时间 DT

假如某变电站 2020 年 3 月 10 日 00:00 投入 1 台 220kV 变压器。

该变压器在 2020 年 3 月（3 月为 31d，744h）的使用时间段为 3 月 10 日—3 月 31 日，该变压器在 3 月份的使用时间 PAT=22×24=528（h）。

该变压器在 2020 年（366d，8784h）的使用时间段为 3 月 10 日—12 月 31 日，该变压器在 2020 年的使用时间 PAT=297×24=7128（h）。

2）同一电压等级同类多设施：

PAT=Σ 评价期间某设施使用状态的持续时间 DT

假如某公司 2021 年 3 月 10 日 00:00 投入 10 台 220kV 变压器，5 月 1 日 00:00 投入 5 台 500kV 变压器。

220kV 变压器在 2021 年 3 月（3 月为 31d，744h）的使用时间 PAT=22×24×10=528×10=5280（h）。

500kV 变压器在 2021 年 5 月（5 月为 31d，744h）的使用时间 PAT=

744×5=3720（h）。

220kV 变压器在 2021 年全年（365 天，8760h）的使用时间应该为 10 台 220kV 变压器在该年使用时间总和，PAT=7128×10=71280（h）。

500kV 变压器在 2021 全年（365d，8760h）的使用时间应该为 5 台 500kV 变压器在该年使用时间总和，PAT=5880×5=29400（h）。

3）不同电压等级同类多设施公式为：

PAT=Σ 评价期间某电压等级某设施使用状态的持续时间 DT

假如在上面示例中所述的 220kV 和 500kV 变压器在 2021 年（365d，8760h）的使用时间则为 15 台变压器在该年的使用时间总和，PAT=7128×10+5880×5=100680（h）。

（6）等效设施数 N：是在评价期间内，变电设施的实际数量按照使用时间占评价期间时间比例的折算值，公式为：

$$N = \frac{PAT}{PT}$$

式中：N ——等效设施数；

PAT ——评价期间使用时间，h；

PT ——评价期间时间，h。

等效设施数 N 用于计算评价期间内，平均到每个等效设施的同一类使用状态平均次数指标 EF_k（可用率 EF_1、运行率 EF_2、备用率 EF_3、…、强迫停运率 EF_{18} 等共 18 种时间指标，）和平均累积时间 ET_k（平均可用小时 ET_1、平均运行小时 ET_2、平均备用小时 ET_3、…、平均强迫停运小时 ET_{18}）。

计算同类多设施的等效设施数时，评价期间使用时间 PAT 为各设施的评价期间使用时间之和，评价期间时间 PT 为评价期间时间（与设施数量无关）。等效设施数 N 的量纲根据变电设施的种类而定，根据设施属性，具体计算公式又细分为单设施、同一电压等级同类多设施和不同电压等级同类多设施三种情况。以 N 表示等效实施数，则：

1）单设施：

$$N = \frac{评价期间使用小时PAT}{评价期间小时PT}$$

假如某变电站 2020 年 3 月 10 日 00:00 投入 1 台 220kV 变压器，该变压器在 2020 年 3 月的评价期间使用时间 $PAT=22\times24=528$（h），3 月的评价期间时间 $PT=31\times24=744$（h）。则该 220kV 变压器在该年 3 月的等效设施数：

$$N = \frac{评价期间使用小时PAT}{评价期间小时PT} = \frac{528}{744} = 0.710（台）$$

该 220kV 变压器在 2020 年（全年为 366 天，8784h）等效设施数：

$$N = \frac{评价期间使用小时PAT}{评价期间小时PT} = \frac{7128}{8784} = 0.811（台）$$

2）同一电压等级同类多设施：

$$N = \frac{\sum 某设施评价期间使用小时PAT}{评价期间小时PT} \quad （同等效设施的量纲）$$

假如某公司 2021 年 3 月 10 日 00:00 投入 10 台 220kV 变压器，5 月 1 日 00:00 投入 5 台 500kV 变压器。220kV 变压器在该年 3 月（3 月为 31d，744h）的等效设施数：

$$N = \frac{\sum 220kV变压器评价期间使用小时PAT}{评价期间小时PT} = \frac{528\times10}{744} = 7.097（台）$$

500kV 变压器在 2021 年 5 月（5 月取 31d，744h）的等效设施数：

$$N = \frac{\sum 500kV变压器评价期间使用小时PAT}{评价期间小时PT} = \frac{744\times5}{744} = 5（台）$$

220kV 变压器在 2021 年全年（365d，8760h）的等效设施数：

$$N = \frac{\sum 220kV变压器评价期间使用小时PAT}{评价期间小时PT} = \frac{7128\times10}{8760} = 8.137（台）$$

500kV 变压器在 2021 年全年（365d，8760h）的等效设施数：

$$N = \frac{\sum 500kV变压器评价期间使用小时PAT}{评价期间小时PT} = \frac{5880\times5}{8760} = 3.356（台）$$

3）不同电压等级同类多设备：

$$N = \frac{\sum 某电压等级设施评价期间使用小时PAT}{评价期间小时PT}（同等效设施的量纲）$$

$$= \sum 某电压等级设施等效设施数N（同等效设施的量纲）$$

假如在上一个示例中，220kV 和 500kV 变压器在 2021 年（365d，8760h）的等效设施数：

$$N = \frac{\sum 某电压等级变压器评价期间使用小时PAT}{评价期间小时PT}$$

$$= \frac{7128 \times 10 + 5880 \times 5}{8760} = 11.493（台）$$

（二）时间类指标

时间类指标是按照变电设施同一类使用状态持续时间计算方法分类，分为累积时间和平均持续时间两类。平均持续时间是评价期间内变电设施同一类使用状态持续时间分布的平均值。

1. 累积时间

累积时间指的是评价期间内同一类使用状态的持续时间之和，按照计算方式的不同可以分为总累积时间和平均累积时间两类。

（1）总累积时间：评价期间内，变电设施同一类使用状态的持续时间之和，公式为：

$$T_k = \sum_j \sum_i t_{ij,k}$$

式中：T_k ——变电设施第 k 类使用状态的累计时间总数，h；

$t_{ij,k}$ ——第 j 个变电设施第 i 次出现第 k 类使用状态的持续时间，h；

k ——变电设施该类使用状态的序号，$1 \leqslant k \leqslant 18$。

（2）平均累积时间：评价期间内，平均每个等效设施的同一类使用状态总累积时间，公式为：

$$ET_k = \frac{T_k}{\sum_j N_j}$$

式中： ET_k ——变电设施第 k 类使用状态的平均累积时间；

T_k ——变电设施第 k 类使用状态的总累积时间，h；

N_j ——第 j 个变电设施的等效设施数；

k ——变电设施该类使用状态的序号，$1 \leqslant k \leqslant 18$。

注意，同类多变电设施的平均累积时间可由单变电设施的平均累积时间按各自的等效设施数加权平均计算。

2. 平均持续时间

评价期间内，变电设施平均到每一次的同一类使用状态持续时间，公式为：

$$CST_k = \frac{T_k}{F_k}$$

式中： CST_k ——变电设施第 k 类使用状态的平均持续时间；

T_k ——变电设施第 k 类使用状态的总累积时间，h；

F_k ——变电设施第 k 类使用状态总次数，次；

k ——变电设施该类使用状态的序号，$1 \leqslant k \leqslant 18$。

注意，当变电设施第 k 类使用状态未出现时，该状态对应的平均持续时间为 0。

（三）比例类指标

比例类指标按照同一类使用状态累积时间比值的不同，划分为使用状态累积时间比值和暴露系数。

1. 使用状态累积时间比值

评价期间内，变电设施同一类使用状态累积时间占评价期间使用状态累积时间的比例指标，公式为：

$$R_k = \frac{T_k}{PAT} \times 100\%$$

式中： R_k ——变电设施第 k 类使用状态占评价期间使用状态累积时间的比例；

T_k——变电设施第 k 类使用状态的总累积时间，h；

PAT——评价期间使用时间，h；

k——变电设施该类使用状态的序号，$k \in \{1，2，7，13，18\}$。

注意，同类多变电设施的使用状态累积时间比值可由单变电设施的使用状态累积时间比值按各自的等效设施数加权平均计算。

具体指标如下。

（1）可用系数 R_1：是变电设施时间类的指标之一，反映了变电设施的可用概率，是设施在统计期间可用小时数 T_1 与评价期间小时数 PAT 的比值，通常以百分数表示。其计算公式分别如下：

1）单台（元件、段）可用系数计算公式为：

$$R_1 = \frac{可用小时数 T_1}{统计期间小时数 PAT} \times 100\%$$

不同设施类型对应数量单位分别为：母线，段；组合电器，套；其他设备，台。

假如一台设施在一年（8760h）中有 87.6h 处于检修状态，统计期间小时数为 8760h，可用小时数为 8672.4h，则该设施年可用系数为：

$$R_1 = \frac{8670 - 87.6}{8670} \times 100\% = 99\%$$

2）同一电压等级同类设施多台（元件、段）可用系数计算公式为：

$$R_1 = \frac{\sum 某设施可用小时数 T_1}{\sum 某设施评价期间使用小时数 PAT} \times 100\%$$

假如 50 台设施在 2 月（672h）共有 336h 处于检修状态，评价期间小时数为 33600h，可用小时数为 33264h，则该月可用系数为：

$$R_1 = \frac{672 \times 50 - 336}{50 \times 672} \times 100\% = 99\%$$

3）不同电压等级同类设施多台（元件、段）可用系数计算公式为：

$$R_1 = \frac{\sum 某电压等级设备可用系数 \times 该等级设备统计百台(元件、段)年数}{\sum 某电压等级设备统计百台(元件、段)年数}$$

$$\times 100\%$$

$$= \frac{\sum(R_1 \times UY_j)}{\sum UY_j} \times 100\%$$

（2）运行系数 R_2：是指在评价期间内，变电设施运行小时数 T_2 与统计期间使用时间数 PAT 的比值，用百分比表示，公式为：

$$R_2 = \frac{运行小时数 T_2}{评价期间使用小时数 PAT} \times 100\%$$

该系数反映了变电设施的运行水平，该指标直接反映了变电设施运行时间的长短。运行系数 R_2 与可用系数 R_1 的区别在于可用系数 R_1 分子中包含了备用时间 T_3。在同样的可用系数的情况下，设施的运行系数高说明设施的备用时间短。

（3）计划停运系数 R_7：是指在评价期间内，变电设施计划停运小时数 T_7 与评价期间使用时间数 PAT 的比值，用百分比表示。设施的计划停运系数大，说明设施检修时间较长，可能发生了较大的设施问题，或存在较大的设施改造，公式为：

$$R_7 = \frac{计划停运小时数 T_7}{评价期间使用小时数 PAT} \times 100\%$$

（4）非计划停运系数 R_{13}：是指在评价期间内，变电设施非计划停运小时数 T_{13} 与评价期间使用时间数 PAT 的比值，用百分比表示。非计划停运系数是评价电力企业生产管理的重要指标，可以直接反映出设备的运行水平、检修质量、设备管理水平等问题，公式为：

$$R_{13} = \frac{非计划停运小时数 T_{13}}{评价期间使用小时数 PAT} \times 100\%$$

（5）强迫停运系数 R_{18}：是指在评价期间内，变电设施强迫停运小时数 T_{18}（第一类非计划停运小时 T_{14} 与第二类非计划停运小时 T_{15} 之和）与评价期间使用时间数 PAT 的比值，用百分比表示。强迫停运系数反映了非计划停运状态中第一、二类非计划停运时间的长短，公式为：

$$R_{18} = \frac{强迫停运小时数 T_{18}}{评价期间使用小时数 PAT} \times 100\%$$

（6）根据设施属性，以上计算公式具体又细分为单设施、同一电压等级同类多设施和不同电压等级同类多设施三种情况。以 R_k 表示第 k 类使用状态占评价期间使用状态累积时间的比例，则有

1）单设施：

$$R_k = \frac{第 k 类使用状态的总累积时间 T_k}{评价期间使用小时数 PAT} \times 100\%$$

2）同一电压等级同类多设施：

$$R_k = \frac{\sum 某设施第 k 类使用状态的总累积时间 T_k}{\sum 某设施评价期间使用小时数 PAT} \times 100\%$$

$$= \frac{\sum(某设施使用状态累积时间的比例 R_k \times 该等效设施数 N)}{\sum 某设施等效设施数 N}\%$$

3）不同电压等级同类多设施：

$$R_k = \frac{\sum 某电压等级设施第 k 类使用状态的总累积时间 T_k}{\sum 某设施评价期间使用小时数 PAT} \times 100\%$$

$$= \frac{\sum\left(\begin{array}{c}某电压等级设施的使用状态累积时间的比例 R_k \\ \times 该设施等效设施数 N\end{array}\right)}{\sum 等效设施数 N}\%$$

2. 暴露系数

运行状态累积时间占可用状态累积时间的比例，公式为：

$$EXF = \frac{T_2}{T_1} \times 100\%$$

式中： EXF ——暴露系数；

T_2 ——评价期间内变电设施运行状态总累积时间，h；

T_1 ——评价期间内变电设施可用状态总累积时间，h。

（四）次数类指标

次数类指标按照变电设施同一类使用状态出现次数的计算方法建立指标体系，分为总次数和平均次数两类。

1. 总次数

评价期间内，变电设施同一类使用状态的出现次数之和，公式为：

$$F_k = \sum_j f_{j,k}$$

式中：F_j ——变电设施第 k 类使用状态的总次数，次；

$f_{j,k}$ ——变电设施中第 j 个出现第 k 个状态的次数，次；

k ——变电设施该类使用状态的序号，$1 \leqslant k \leqslant 18$。

2. 平均次数

评价期间内，平均到每个等效设施的同一类使用状态总次数，公式为：

$$EF_k = \frac{F_k}{\sum_j N_j}$$

式中：EF_k ——变电设施第 k 类使用状态的平均次数，次；

F_k ——变电设施第 k 类使用状态的总次数，次；

N_j ——第 j 个变电设施的等效设施数；

k ——变电设施该类使用状态的序号，$1 \leqslant k \leqslant 18$。

注意，同类多变电设施的平均次数可由单变电设施的平均次数按各自的等效设施数加权平均计算。次数类指标主要介绍以下几种。

（1）计划停运率 EF_7：是在统计期间，变电设施计划停运的次数 F_7 与等效设施数 N 的比值。计划停运率是变电设施次数类常用指标之一，反映了变电设施计划停运次数的概率。

计划停运率计算公式为：

$$EF_7 = \frac{\text{计划停运总次数} F_7}{\text{等效设施数} N}$$

（2）非计划停运率 EF_{13}：是在统计期间内，变电设施非计划停运的次数 F_{13} 与等效设施数 N 的比值。非计划停运率反映了变电设施非计划停运次数的概率。

非计划停运率计算公式为：

$$EF_{13} = \frac{\text{非计划停运总次数} F_{13}}{\text{等效设施数} N}$$

（3）强迫停运率 EF_{18}：是在统计期间，变电设施强迫停运次数 F_{18} 与等效设施数 N 的比值。强迫停运率反映了变电设施强迫停运次数的概率。

强迫停运率计算公式为：

$$EF_{18} = \frac{\text{强迫停运总次数} F_{18}}{\text{等效设施数} N}$$

（4）不可用率 EF_6：是在统计期间，变电设施不可用次数 F_6 与等效设施数 N 的比值。不可用率运率反映了变电设施不可用次数的概率。

不可用运率计算公式为：

$$EF_6 = \frac{\sum \text{不可用总次数} F_6}{\sum \text{等效设施数} N}$$

（5）根据设施属性，具体计算公式又细分为单设施、同一电压等级同类多设施和不同电压等级同类多设施三种情况。以 EF_k 表示设施第 k 类使用状态的平均次数，则：

1）单设施：

$$EF_k = \frac{\text{设施第} k \text{类使用状态的总次数} F_k}{\text{设施的等效设施数} N} (\text{次} / \text{该类设施量纲})$$

2）同一电压等级同类多设施：

$$EF_k = \frac{\sum \text{某设施第} k \text{类使用状态出现的总次数} F_k}{\sum \text{某设施的等效设施数} N}$$

$$= \frac{\sum(某设施平均次数EF_k \times 该等效设施数N)}{\sum 某设施的等效设施数N}（次/该类设施量纲）$$

3）不同电压等级同类多设施：

$$EF_k = \frac{\sum 某电压等级设施第k类使用状态出现的总次数F_k}{\sum 某电压等级设施的等效设施数N}$$

$$= \frac{\sum(某电压等级设施平均次数EF_k \times 该电压等级等效设施数N)}{\sum 某电压等级设施等效设施数N}$$

$$（次/该类设施量纲）$$

三、应用算例

（一）设施时间类指标计算

2020年3月10日00:00投入的10台220kV变压器和5月1日00:00投入的5台500kV变压器，在该年内的停运事件见表3-27，指标统计表见表3-28。

表3-27　　　　　　　　某变电站一年内停运事件

设施	事件经过	事件状态	设施	事件经过	事件状态
220kV 变压器 A	3月10日 00:00—05:00	调度备用 （状态序号4）	500kV 变压器 B	5月20日 00:00—06:00	调度备用 （状态序号4）
	8月25日 00:00—06:00	受累备用 （状态序号5）		10月15日 00:00—05:00	第一类 非计划停运 （状态序号14）
	11月5日 00:00—05:00	第二类 非计划停运 （状态序号15）		12月15日 00:00—04:00	试验停运 （状态序号10）
220kV 变压器 D	4月25日 00:00—06:00	改造施工停运 （状态序号12）	500kV 变压器 E	10月1日 00:00—02:00	小修停运 （状态序号9）
	10月10日 05:00—08:00	调度备用 （状态序号4）		11月16日 00:00—11:00	第二类 非计划停运 （状态序号15）
	12月1日 00:00—11:00	第一类 非计划停运 （状态序号14）			

表 3-28　　　　　　　　　某变电站一年内指标统计表

时间	220kV 变压器 A	220kV 变压器 D	220kV 变压器	500kV 变压器 B	500kV 变压器 E	500kV 变压器
评价期间使用小时 PAT	7128（3 月 10 日至 12 月 31 日）	7128	7128×10 =71280	5880（5 月 1 日至 12 月 31 日）	5880	5880×5 =29400
可用小时	7128−5 =7123	7128−6−11 =7111	71280−5− 6−11 =71258	5880−5−4 =5871	5880−2−11 =5867	5880×5− （5+4+2+11） =29378
运行小时	7128−5−6− 5=7112	7128− 6−3−11 =7108	71280− 5−6−5− 6−3−11 =71244	5880−6− 5−4 =5865	5880−2−11 =5867	5880×5− （6+5+4+2+11） =29372
计划停运小时	0	6	6	4	2	6
非计划停运小时	5	11	16	5	11	16
强迫停运小时	5	11	16	5	11	16

1. 单设施使用状态累积时间比值 R_k

220kV 变压器 A 在该年的可用系数：

$$R_1 = \frac{可用小时数 T_1}{评价期间使用小时数 PAT} \times 100\%$$

$$= \frac{7128 - 5}{7128} \times 100\% = 99.930\%$$

220kV 变压器 A 在该年的运行系数：

$$R_2 = \frac{运行小时数 T_2}{评价期间使用小时数 PAT} \times 100\%$$

$$= \frac{7128 - 5 - 5 - 6}{7128} \times 100\% = 99.776\%$$

220kV 变压器 A 在该年的非计划停运系数：

$$R_{13} = \frac{\text{非计划停运小时数} T_{13}}{\text{评价期间使用小时数} PAT} \times 100\%$$

$$= \frac{5}{7128} \times 100\% = 0.070\%$$

220kV 变压器 A 在该年的强迫停运系数：

$$R_{18} = \frac{\text{强迫停运小时数} T_{18}}{\text{评价期间使用小时数} PAT} \times 100\%$$

$$= \frac{5}{7128} \times 100\% = 0.070\%$$

2. 同一电压等级同类多设施使用状态累积时间比值 R_k

220kV 变压器在该年的可用系数：

$$R_1 = \frac{\sum \text{可用小时数} T_1}{\sum \text{评价期间使用小时数} PAT} \times 100\%$$

$$= \frac{71280 - 5 - 6 - 11}{7128 \times 10} \times 100\% = 99.969\%$$

220kV 变压器在该年的运行系数：

$$R_2 = \frac{\sum \text{运行小时数} T_2}{\sum \text{评价期间使用小时数} PAT} \times 100\%$$

$$= \frac{71280 - 5 - 6 - 5 - 6 - 3 - 11}{7128 \times 10} \times 100\% = 99.949\%$$

220kV 变压器在该年的计划停运系数：

$$R_7 = \frac{\sum \text{计划停运小时数} T_7}{\sum \text{评价期间使用小时数} PAT} \times 100\% = \frac{6}{7128 \times 10} \times 100\% = 0.008\%$$

220kV 变压器在该年的非计划停运系数：

$$R_{13} = \frac{\sum \text{非计划停运小时数} T_{13}}{\sum \text{评价期间使用小时数} PAT} \times 100\% = \frac{5 + 11}{7128 \times 10} \times 100\% = 0.022\%$$

220kV 变压器在该年的强迫停运系数：

$$R_{18} = \frac{\sum \text{强迫停运小时数} T_{18}}{\sum \text{评价期间使用小时数} PAT} \times 100\% = \frac{5 + 11}{7128 \times 10} \times 100\% = 0.022\%$$

5000kV 变压器在该年的可用系数：

$$R_1 = \frac{\sum \text{可用小时数} T_1}{\sum \text{评价期间使用小时数} PAT} \times 100\%$$

$$= \frac{29400 - 5 - 4 - 2 - 11}{5880 \times 5} \times 100\% = 99.925\%$$

500kV 变压器在该年的运行系数：

$$R_2 = \frac{\sum \text{运行小时数} T_2}{\sum \text{评价期间使用小时数} PAT} \times 100\%$$

$$= \frac{29400 - 6 - 5 - 4 - 2 - 11}{5880 \times 5} \times 100\% = 99.905\%$$

500kV 变压器在该年的计划停运系数：

$$R_7 = \frac{\sum \text{计划停运小时数} T_7}{\sum \text{评价期间使用小时数} PAT} \times 100\% = \frac{4 + 2}{5880 \times 5} \times 100\% = 0.020\%$$

500kV 变压器在该年的非计划停运系数：

$$R_{13} = \frac{\sum \text{非计划停运小时数} T_{13}}{\sum \text{评价期间使用小时数} PAT} \times 100\% = \frac{5 + 11}{5880 \times 5} \times 100\% = 0.054\%$$

500kV 变压器在该年的强迫停运系数：

$$R_{18} = \frac{\sum \text{强迫停运小时数} T_{18}}{\sum \text{评价期间使用小时数} PAT} \times 100\% = \frac{5 + 11}{5880 \times 5} \times 100\% = 0.054\%$$

3. 不同电压等级同类多设施使用状态累积时间比值 R_k

220kV 变压器和 500kV 变压器在该年的可用系数：

$$R_1 = \frac{\sum \text{可用小时数} T_1}{\sum \text{评价期间使用小时数} PAT} \times 100\%$$

$$= \frac{71258 + 29378}{7128 \times 10 + 5880 \times 5} \times 100\% = 99.956\%$$

$$\text{或} = \frac{\sum (\text{可用系数} R_1 \times \text{评价期间使用时间} PAT)}{\sum \text{评价期间使用时间}} \%$$

$$= \frac{99.969\% \times 71280 + 99.925\% \times 29400}{7128 \times 10 + 5880 \times 5} \% = 99.956\%$$

220kV 变压器和 500kV 变压器在该年的运行系数：

$$R_2 = \frac{\sum 运行小时数 T_2}{\sum 评价期间使用小时数 PAT} \times 100\%$$

$$= \frac{71244 + 29372}{7128 \times 10 + 5880 \times 5} \times 100\% = 99.936\%$$

$$或 = \frac{\sum(运行系数 R_2 \times 评价期间使用时间 PAT)}{\sum 评价期间使用时间}\%$$

$$= \frac{99.95\% \times 71280 + 99.905\% \times 29400}{7128 \times 10 + 5880 \times 5}\% = 99.936\%$$

220kV 变压器和 500kV 变压器在该年计划停运系数：

$$R_7 = \frac{\sum 计划停运小时数 T_7}{\sum 评价期间使用小时数 PAT} \times 100\%$$

$$= \frac{6 + 6}{7128 \times 10 + 5880 \times 5} \times 100\% = 0.012\%$$

$$或 = \frac{\sum 计划停运系数 R_7 \times 评价期间使用时间 PAT}{\sum 评价期间使用小时数 PAT} \times 100\%$$

$$= \frac{0.008\% \times 71280 + 0.02\% \times 29400}{100680} \times 100\% = 0.012\%$$

220kV 变压器和 500kV 变压器在该年非计划停运系数：

$$R_{13} = \frac{\sum 非计划停运小时数 T_{13}}{\sum 评价期间使用小时数 PAT} \times 100\%$$

$$= \frac{16 + 16}{7128 \times 10 + 5880 \times 5} \times 100\% = 0.032\%$$

$$或 = \frac{\sum 非计划停运系数 R_{13} \times 评价期间使用时间 PAT}{\sum 评价期间使用小时数 PAT} \times 100\%$$

$$= \frac{0.022\% \times 71280 + 0.054\% \times 29400}{100680} \times 100\% = 0.032\%$$

220kV 变压器和 500kV 变压器在该年强迫停运系数：

$$R_{18} = \frac{\sum 强迫停运小时数 T_{18}}{\sum 评价期间使用小时数 PAT} \times 100\%$$

$$= \frac{16+16}{7128 \times 10 + 5880 \times 5} \times 100\% = 0.032\%$$

$$或 = \frac{\sum 强迫停运系数 R_{18} \times 评价期间使用时间 PAT}{\sum 评价期间使用小时数 PAT} \times 100\%$$

$$= \frac{71280 \times 0.022\% + 0.054\% \times 29400}{100680} \times 100\% = 0.032\%$$

（二）设施次数类指标计算

1. 单设施平均次数 EF_k

例如在以上算例中：

220kV 变压器 A 在该年的不可用率：

$$EF_6 = \frac{不可用运总次数 F_6}{等效设施数 N} = \frac{1}{0.811} = 1.233（次/台）$$

220kV 变压器 A 在该年的非计划停运率：

$$EF_{13} = \frac{非计划停运总次数 F_{13}}{等效设施数 N} = \frac{1}{0.811} = 1.233（次/台）$$

220kV 变压器 A 在该年的强迫停运率：

$$EF_{18} = \frac{强迫停运总次数 F_{18}}{等效设施数 N} = \frac{1}{0.811} = 1.233（次/台）$$

2. 同一电压等级同类多设施平均次数 EF_k

220kV 变压器在该年的不可用率：

$$EF_6 = \frac{\sum 不可用运总次数 F_6}{\sum 等效设施数 N} = \frac{3}{71280/8784} = 0.370（次/台）$$

220kV 变压器在该年的计划停运率：

$$EF_7 = \frac{\sum 计划停运总次数 F_7}{\sum 等效设施数 N} = \frac{1}{8.115} = 0.123（次/台）$$

220kV 变压器在该年的非计划停运率：

$$EF_{13} = \frac{\sum 非计划停运总次数 F_{13}}{\sum 等效设施数 N} = \frac{2}{8.115} = 0.246(次/台)$$

220kV 变压器在该年的强迫停运率：

$$EF_{18} = \frac{\sum 强迫停运总次数 F_{18}}{\sum 等效设施数 N} = \frac{2}{8.115} = 0.246(次/台)$$

500kV 变压器在该年的不可用率：

$$EF_6 = \frac{\sum 不可用运总次数 F_6}{\sum 等效设施数 N} = \frac{4}{29400/8784} = 1.195(次/台)$$

500kV 变压器在该年的计划停运率：

$$EF_7 = \frac{\sum 计划停运总次数 F_7}{\sum 等效设施数 N} = \frac{2}{3.971} = 0.504(次/台)$$

500kV 变压器在该年的非计划停运率：

$$EF_{13} = \frac{\sum 非计划停运总次数 F_{13}}{\sum 等效设施数 N} = \frac{2}{3.971} = 0.504(次/台)$$

500kV 变压器在该年的强迫停运率：

$$EF_{18} = \frac{\sum 强迫停运总次数 F_{18}}{\sum 等效设施数 N} = \frac{2}{3.971} = 0.504(次/台)$$

3. 不同电压等级同类多设施平均次数 EF_k

220kV 变压器和 500kV 变压器在该年的不可用率：

$$EF_6 = \frac{\sum 不可用运总次数 F_6}{\sum 等效设施数 N} = \frac{3+4}{8.115+3.971} = 0.579(次/台)$$

$$或 = \frac{\sum(不可用率 EF_6 \times 该等效设施数 N)}{\sum 某设施的等效设施数 N}$$

$$= \frac{0.369 \times 8.0137 + 1.192 \times 3.356}{8.115 + 3.971} = 0.579(次/台)$$

220kV 变压器和 500kV 变压器在该年的计划停运率：

$$EF_7 = \frac{\sum 计划停运总次数 F_7}{\sum 等效设施数 N} = \frac{1+2}{12.086} = 0.248(次/台)$$

$$或 = \frac{\sum(计划率EF_7 \times 该等效设施数N)}{\sum 某设施的等效设施数N}$$

$$= \frac{0.123 \times 8.115 + 0.504 \times 3.971}{12.086} = 0.248(次/台)$$

220kV 变压器和 500kV 变压器在该年的非计划停运率：

$$EF_{13} = \frac{\sum 非计划停运总次数F_{13}}{\sum 等效设施数N} = \frac{2+2}{12.086} = 0.331(次/台)$$

$$或 = \frac{\sum(非计划停运率EF_{13} \times 该等效设施数N)}{\sum 某设施的等效设施数N}$$

$$= \frac{0.248 \times 8.115 + 0.504 \times 3.971}{12.086} = 0.331(次/台)$$

220kV 变压器和 500kV 变压器在该年的强迫停运率：

$$EF_{18} = \frac{\sum 强迫停运总次数F_{18}}{\sum 等效设施数N} = \frac{2+2}{12.086} = 0.331(次/台)$$

$$或 = \frac{\sum(强迫停运率EF_{18} \times 该等效设施数N)}{\sum 某设施的等效设施数N}$$

$$= \frac{0.248 \times 8.115 + 0.504 \times 3.971}{12.086} = 0.331(次/台)$$

第四章

输变电回路可靠性管理

第一节 基 础 概 念

输变电回路可靠性是在输变电设施可靠性统计评价的基础上，引入了"回路"概念，以"回路"为评价对象，拓展了输变电可靠性管理范围，使输变电可靠性指标更直接、更科学地反映生产管理水平，更有效地指导生产经营管理。本节主要介绍输变电回路可靠性中的概念、界限划分、状态分类及统计评价等。

一、回路定义

回路指连接两个或更多的传输终端、变电站或者系统输电节点之间的元件集合。其功能为，在某一特定的容量范围内将电能从一端传输到另一端，为系统提供可变的连接；在某些特定情况下（如系统发生故障时）能够自动地将本身与整个输变电系统隔离。

输变电回路可靠性中回路包括母线回路、变电回路、输电回路三部分：

（1）变电回路：以变压器为主体，实现不同电压等级之间电能转换功能的元件集合。线路-变压器组接线方式指变压器高压侧未经过母线，从输电线路直接引入的接线方式，包括二者间没有断路器或共用一台断路器两种情况，按变电回路统计，称为线变组变电回路。

（2）输电回路：以输电线路为主体，用以实现不同点（变电站、电厂或者用户）之间电能传输的元件集合。

（3）母线回路：连接两个及以上输电回路和变电回路，用以实现电能汇集和分配的元件集合。

二、编码规则

（一）编码体系基本规则

回路的编码体系规定了回路代码的结构和构成原则，通过编码确定回路的唯一性。回路代码长度为 16 位，结构如图 4-1 所示。

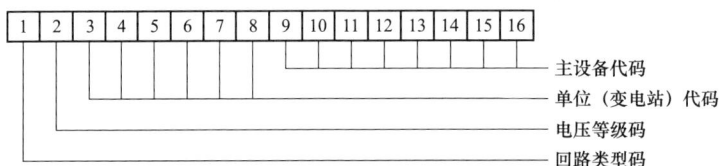

图 4-1 回路的编码结构图

说明如下：

（1）第 1 位用于识别回路类型，用回路类型汉字的第一个拼音字母表示：B—变电回路、M—母线回路、S—输电回路。

（2）第 2 位为回路电压等级码：A—66kV、B—35kV、1—110kV、2—220kV、5—500kV、7—750kV、U—1000kV。变电回路按其高压侧电压等级统计，对降压运行的回路，其电压等级按实际运行电压统计。

（3）第 3～8 位：对母线回路和非线变组变电回路取变电站代码，对输电回路和线变组变电回路根据线路的区域级别取单位代码，本地回路（B）取地市公司代码，跨地市回路（J）取公司代码，跨省回路（S）取网公司代码，跨网回路（W）取该电网公司代码，跨越不同电网公司的回路（W）取中国电力企业联合会可靠性管理中心代码，不足六位的在前面补"0"。

（4）第 9～16 位为主设备代码。

（二）输电回路代码

输电回路代码结构如图 4-2 所示。

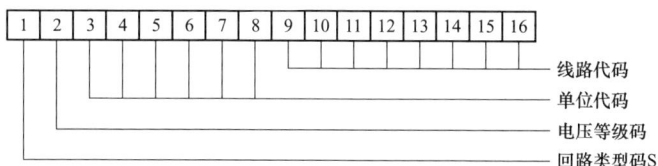

图 4-2　输电回路代码结构图

说明如下：

第 1 位回路类型为"S"，第 2 位为回路电压等级，第 3～8 位为单位代码，填写参见基本规则，第 9 至 16 位填写线路代码。

例如：某省电力公司 220kV BT1234 线（跨地市线路）输电回路代码为 S201404122J01234。

各位代码表示含义：第 1 位"S"—回路类型为输电回路，第 2 位"2"—回路电压等级为 220kV，第 3～8 位"014041"—跨地市回路取某省电力公司代码，第 9～16 位"22J01234"—BT1234 线路代码。

（三）变电回路代码

1. 普通变电回路代码

普通变电回路代码结构如图 4-3 所示。

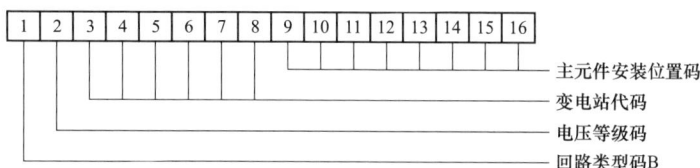

图 4-3　普通变电回路代码结构图

说明如下：

第 1 位回路类型为"B"，第 2 位为回路电压等级，第 3～8 位为变电站代码，第 9～16 位填写变压器设备安装位置码。其中，分相主变压器填写 A 相主变压器设备安装位置码，换流变压器交流侧的变电回路填写断路器安装位置码。

例如：某地市公司 220kV 某变电站#1 主变压器变电回路代码为 B2125305100B1DS2。

159

各位代码表示含义：第 1 位"B"—回路类型为变电回路，第 2 位"2"—回路电压等级为 220kV，第 3～8 位"125305"—变电回路取某变电站代码，第 9～16 位"100B1DS2"—#1 主变压器安装位置码。

2. 线变组变电回路代码

线变组变电回路代码结构如图 4-4 所示。

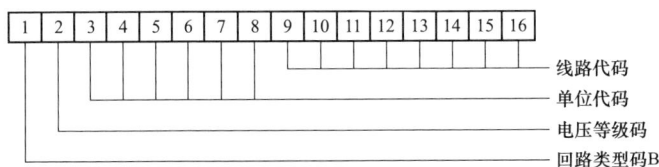

图 4-4　线变组变电回路代码结构图

说明如下：

第 1 位回路类型为"B"，第 2 位为回路电压等级，第 3～8 位为单位代码，填写参见基本规则，第 9～16 位为线路代码。

例如：某地市公司 110kV YZ1462 线（本地线路）变电回路代码为 B103350321B01462。

各位代码表示含义：第 1 位"B"—回路类型为变电回路，第 2 位"1"—回路电压等级为 110kV，第 3～8 位"033503"—本地线变组回路取某地市公司代码，第 9～16 位"21B01462"—YZ1462 线路代码。

（四）母线回路代码

母线回路代码结构如图 4-5 所示。

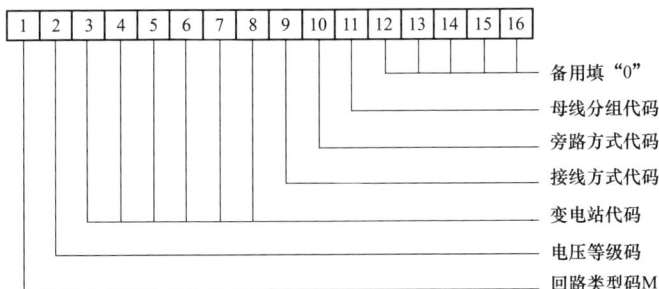

图 4-5　母线回路代码结构图

说明如下：

第 1 位回路类型为"M"，第 2 位为回路电压等级。

第 3～8 位为变电站代码，第 9～16 位填写规则如下：

第 9 位代表接线方式："1"—单母线；"2"—单母线分段；"3"—双母线；"4"—双母线分段（包括双母线单分段、双母线双分段）；"5"—3/2 接线；"6"—多边形（包括四边形）；"7"—桥形（包括内桥、外桥）；"0"—其他。

第 10 位代表旁路方式："0"—无旁路；"1"—旁路；"2"—旁联。

第 11 位为同一变电站同一电压等级不同母线回路的区别代码："1"—表示该电压等级仅有一个母线回路；"2～9"—表示该电压等级存在多个母线回路，并按实际母线回路数量取数值。

第 12～16 位填"0"。

例如：某地市公司某变电站 220kV 母线（双母无旁路接线）回路代码为 M212532130100000。

各位代码表示含义：第 1 位"M"—回路类型为母线回路，第 2 位"2"—回路电压等级为 220kV，第 3～8 位"125321"—母线回路取某变电站代码，第 9"3"—接线方式为双母线，第 10 位"0"—无旁路，第 11 位"1"—220kV 母线仅有一个母线回路，第 12～16 位填"0"。

（五）用户和电厂回路

回路代码结构如图 4-6 所示。

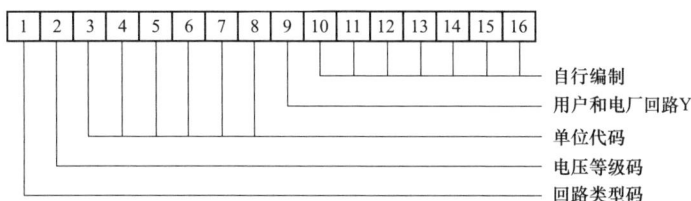

图 4-6　用户和电厂回路代码结构图

说明如下：

第 1 位为回路类型，第 2 位为回路电压等级，第 3～8 位为单位代码，第 9 位为"Y"，表示用户和电厂回路，第 10～16 位自行编制。

第 1～8 位同电网企业一般回路，填写参见基本规则，第 9 位为 Y，第 10 位为回路电压等级。

第 11 位为线路区域级别，对用户线路取所在地市公司本地线路区域级别码 B。

第 12～16 位自定义，一般采用用户的顺序编号。

例如：某地市 110kV 用户 0001 线路的输电回路代码为 S1041501Y1B00001。

各位代码表示含义：第 1 位"S"—回路类型为输电回路，第 2 位"1"—回路电压等级为 110kV，第 3～8 位"041501"—本地回路取单位代码，第 9 位"Y"—用户回路，第 9～16 位"Y1B00001"—110kV 用户线路代码。

（六）代码维护注意事项

（1）本地回路代码由地市单位维护，跨单位的回路代码由上一级单位维护。回路代码提交后必须由回路级别对应单位的可靠性管理人员负责审核，并保证其正确性。

（2）由不同单位管理的同一输变电回路代码必须一致，并按各单位管辖范围分别注册回路，回路代码由上级管理单位统一维护。

（3）回路的区域级别与线路的区域级别有所差异，回路的区域级别高于或等于线路区域级别。只要回路与本单位电网直接相连，无论回路中是否有本单位管辖的设施，均应注册相关回路。

（4）回路代码维护后，系统会根据回路的区域级别将代码自动提交到回路对应级别的单位，该单位的所有下级单位均可查看、选取；如代码维护错误，上级单位退回后，维护单位应及时进行修改。

（5）新建母线回路和非线变组变电回路代码维护时，回路注册也应一并完成；对于输电回路和线变组变电回路，须先进行回路代码维护后，再进行回路注册。

（6）自动生成的回路代码不得修改，其正确性由所收集的相关信息的正确性来保证，但回路名称必须根据规程要求填写正确。

（7）母线回路及非线变组变电回路的回路连接数和电源点个数不需要填写，由系统自动生成。

三、统计范围及界限划分

1. 按输变电回路产权的划分

本企业产权范围的全部输变电回路设施以及受委托运行、维护、管理的输电设施都必须纳入本单位的可靠性统计。

2. 按输变电回路电压等级划分

目前已纳入可靠性管理的各类输变电设施，按电压等级划分为：35、66、110、220、500、750、1000kV。

3. 按输变电回路的功能划分

目前已纳入可靠性管理的按输变电回路，按设施功能划分为输电回路、变电回路、母线回路共三类。

（一）回路的划分原则

（1）单个元件在一个时间点应归属于一个回路。

（2）组合电器（包括 GIS、H-GIS、PASS、COMPASS 等）内部的元件应按照功能分别划分到相应的回路中。

（3）母线回路与变电回路及输电回路的回路分界元件宜为具有分断功能的元件，通常是隔离开关，回路分界元件归属于母线回路。判断原则：当隔离开关检修时，如果同时影响到两个或以上回路停运时（不考虑旁路代运行或倒母线），该隔离开关应属于母线回路。

（二）回路的具体界限划分

1. 母线回路

变电站同一电压等级的所有母线及其之间的联络设备，包括直接与母线连接的隔离开关和独立连接到母线上的不单独构成回路的元件（如母联、分段、旁路、旁联断路器及隔离开关、母线上的电压互感器及其避雷器等），都属于母线回路的范围。同一变电站内同一电压等级无直接电气联系的母线应划分为不同的母线回路。

通常来说，一个变电站的母线之间一般是通过隔离开关、断路器等设备连接的，这种情况下，无论正常运行方式下不同母线之间有没有实现并列运行，都应划分为一个母线回路。若变电站内同一电压等级不同母线之间没有任何电气联系，则应划分为不同的母线回路。

如图 4-7 所示的单母分段带旁路接线方式的母线回路中，红线区域内的设施都属于母线回路的范围，尽管旁路母线正常运行方式下不带电，但是需要时可以通过旁联断路器及隔离开关实现旁母功能，因此不能将旁路母线划分成独立的母线回路。

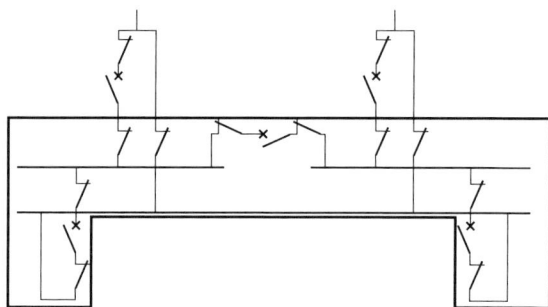

图 4-7　单母线分段带旁路结构的母线回路

对于多边形（包括角形）接线方式（见图 4-8），母线回路应包括形成多边形（或三角形）的所有断路器、隔离开关等设施。尽管在多边形接线方式中，没有物理意义上的母线设备存在，但是由断路器与隔离开关所组成的多边形实现了母线的电能传输、汇集、分配功能，因此仍然存在母线回路。

对桥形接线方式（见图 4-9），母线回路应包括形成"桥"的所有断路器、隔离开关等设施。

对于 3/2 接线方式的母线回路（见图 4-10）划分，应注意与一般的母线回路相比，其划分回路设备归属时比较特殊。除母线、母线上

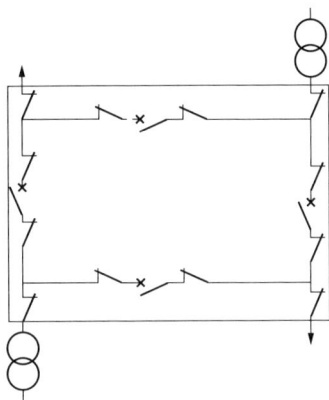

图 4-8　多边形结构的母线回路

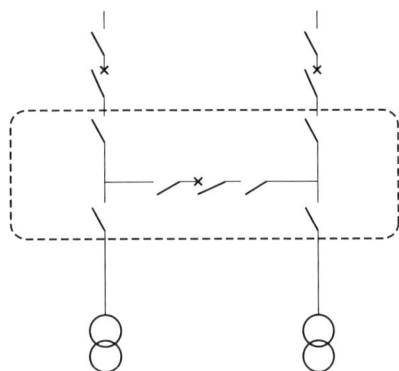

图 4-9　桥形接线方式的母线回路

的电压互感器及其避雷器等设施外，由断路器、隔离开关和电流互感器组成的串接线路也归属于母线回路。仅有变压器、线路连接到串接线路上的引线及接地隔离开关、电容式电压互感器、避雷器属于相应的输电或变电回路。所以在采用 3/2 接线方式的变电站中，母线回路包含的设施数量非常多，因此该电压等级的绝大部分变电设施都属于母线回路。

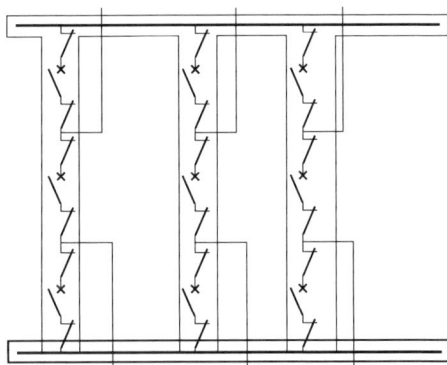

图 4-10　3/2 接线方式的母线回路

对于母线侧隔离开关（见图 4-11）的划分，应注意与母线直接相连的隔离开关。虽然在日常生产运行中间隔划分时，属于相应的输电或变压器间隔，但在母线回路划分时归属于母线回路，因为该隔离开关检修，必须将母线停运，因此判断设施回路归属时应注意与间隔归属有区别。

2. 变电回路

指变压器本体及其与各侧母线回路分界点以内的设备（不含母线侧隔离开关）。一般来说，变电回路包括变压器本体、各侧的断路器、

165

电流互感器以及变压器侧隔离开关、避雷器以及中性点设备等。线变组变电回路（见图 4-12）包括线路及其各侧变电站母线回路分界点以内的设备。T 接线（包括多个分支的 T 接线）中只要有一侧变电站为线变组接线，该回路整体划分为一个变电回路。由单相变压器组成的三相变压器组，三相作为一个变电回路统计。

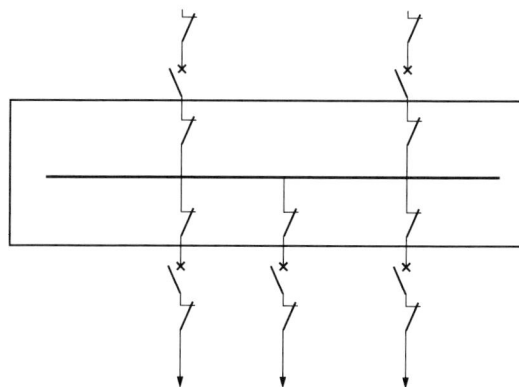

图 4-11　母线侧隔离开关

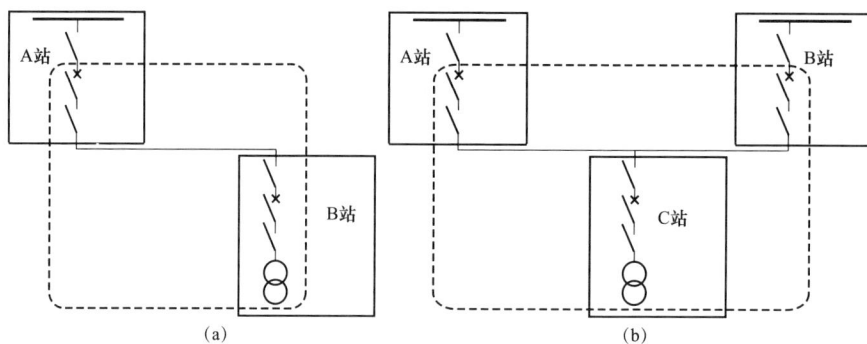

图 4-12　线变组变电回路

（a）线变组变电回路（一）；（b）线变组变电回路（二）

直流换流站换流变压器的交流侧统计为变电回路，包括以下几种情况：

（1）常规直流换流站（±660kV 及以下换流站）：每极换流变压器网侧套管顶端接线板到交流场母线回路连接点之间的所有设备定

义为一个变电回路。

（2）背靠背直流换流站：每单元每侧换流变压器网侧套管顶端接线板到该侧交流场母线回路连接点之间的所有设备定义为一个变电回路。

（3）特高压直流换流站（±800kV及以上换流站）：每极高端（或者低端）换流变压器网侧套管顶端接线板到交流场母线回路连接点之间的所有设备定义为一个变电回路。

3. 输电回路

输电线路本体及其与各侧所接变电站母线回路分界点以内的设备（不含母线侧隔离开关）。通常而言，包括线路、两侧的断路器、电流互感器、线路串联/并联补偿装置（高抗、电容器等）、线路防雷设施以及线路侧隔离开关、电容式电压互感器、避雷器等。典型的两端连接型输电回路如图4-13所示。

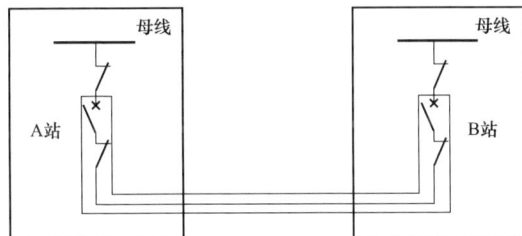

图4-13　两端连接型输电回路

T接线的输电回路（见图4-14）包括各分支输电线路本体及其与各侧所接变电站母线回路分界点以内的设备。通常而言，包括线路的主线、支线、各侧的断路器、电流互感器、线路串联/并联补偿装置（高抗、电容器等）、线路防雷设施以及线路侧隔离开关、电容式电压互感器、避雷器等。需要说明的是，当支线有独立的调度命名时，在设施可靠性中会注册为两条线路，而在回路划分时，仍应将主线和支线注册在同一输电回路中；同此，混合线路所属的输电回路注册时，也应将架空线部分和电缆线路部分全部加入回路中。

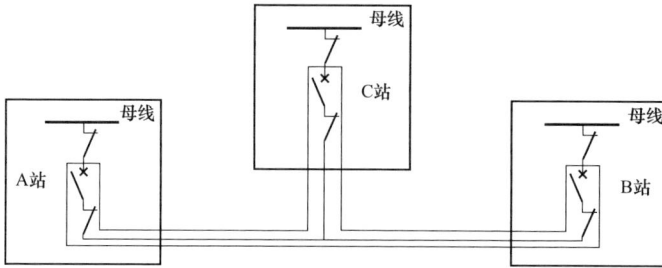

图 4-14　T 接线路构成的输电回路

对于由不同单位或部门分段管理的同一条输电线路（见图 4-15），应按管理（资产）分割点划分输电回路，但应使用由上级管理单位或部门统一制定的同一回路代码。

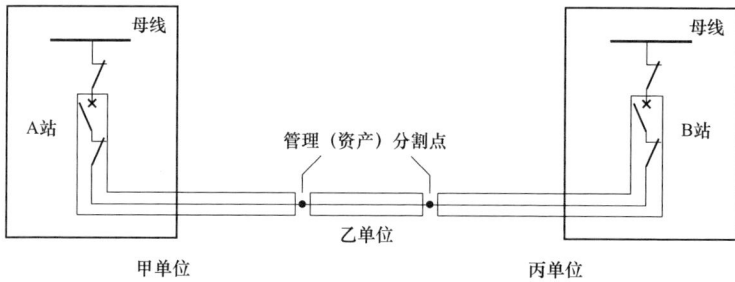

图 4-15　分段管理的同一线路输电回路

各回路整体划分示例如图 4-16 所示。

四、状态分类及停运判断

（一）回路停运判定

1. 停运判定的一般原则

（1）判定回路是否停运的根本依据是根据回路状态的定义，即回路是否存在完成某一特定的容量范围内将电能从一端传输到另一端的功能。回路停运的判定注意事项为：判定回路是否停运，不能依据回路是否带电。回路所有设施均不带电，回路必然处于停运状态，但回路即使带电，却也可能处于停运状态。回路停运示意图如图 4-17 所示。

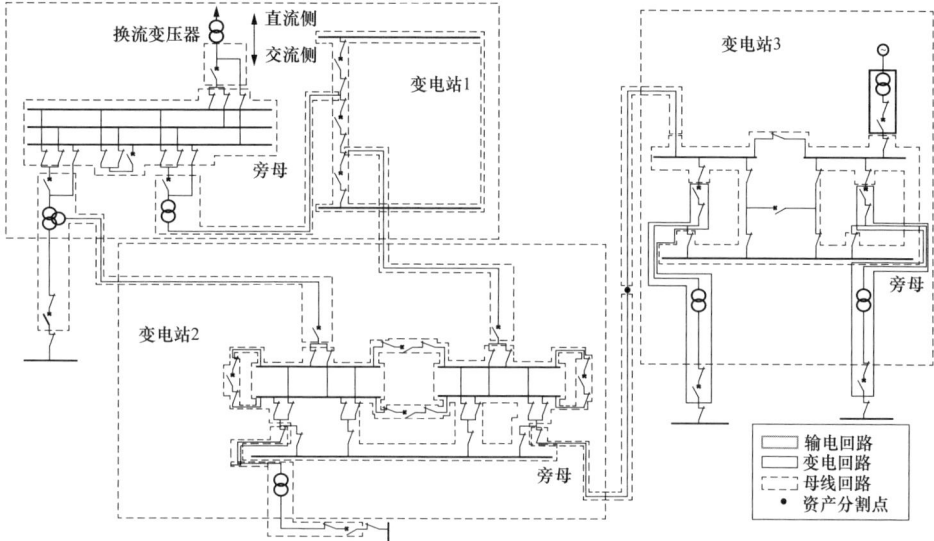

图 4-16 整体划分示例

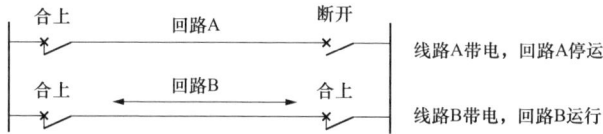

图 4-17 回路停运

在图 4-17 所示两个输电回路中,回路 A 与回路 B 都处于带电状态,其中回路 A 一侧断路器合上,另一侧断路器断开,尽管此时线路 A 充电运行,属于运行状态,回路也处于带电状态。但对该输电回路而言,仅单侧导通,失去了将电能从一端传输到另一端的功能,因此为停运状态。

(2)判定回路是否停运,不能完全依据回路内有无设施状态发生改变或者系统运行方式发生改变,而是判断以上变化是否造成该回路的功能全部或部分丧失,按照回路停运判断流程(如图 4-18 所示),确定回路是否停运。

回路状态的变化往往由设施状态的变化引起,但设施状态的改变

169

不一定会影响回路状态的改变，只要回路的功能没有受到影响，回路仍处于运行状态。

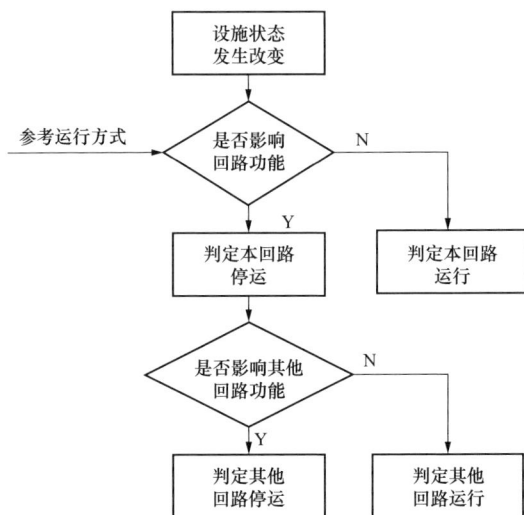

图 4-18　回路停运判断流程

例如，对于输电回路的一端断路器检修，断路器属于不可用状态，但对该输电回路而言，并不能完全判断是否停运。如果该断路器检修引起了线路的停运或单端运行，则回路为停运状态；如果有旁路断路器代此线路断路器运行，线路本身的供电没有受到影响，则回路为运行状态。

（二）不同类型回路停运判定的依据

1. 变电回路

当变电回路统计范围内任一侧断开或故障时，该变电回路记为停运。变电回路统计范围内只要有任一侧断开或故障，不同电压等级之间能量转换功能已全部或部分丧失，因此属于停运状态。变电回路停运判断如图 4-19 所示。

图 4-19（b）中的变压器两侧仍在运行，仅断开了一侧，此时只能实现两侧电能之间的转换与传输，因此变电回路功能部分丧失，属

于部分停运；图 4-19（c）中的变压器属空载运行，虽然变压器设施本身属于运行状态，但高低压侧之间没有能量的传输，变电回路功能已全部丧失，属于停运。

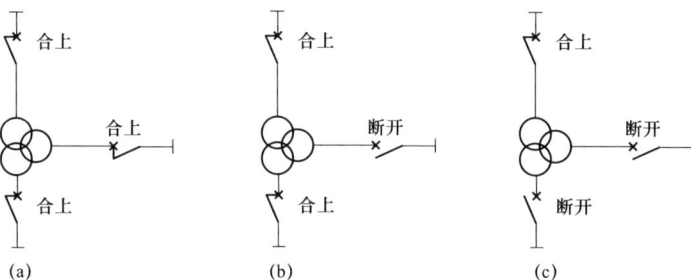

图 4-19　变电回路停运判断

（a）各侧运行，回路运行；（b）断开一侧，回路功能部分丧失；

（c）断开两侧，回路功能全部丧失

2. 输电回路

输电回路有任一端断开或故障时，该输电回路记为停运。输电回路只要有任一侧断开或故障，不同变电站之间能量传输的功能已全部或部分丧失，因此属于停运状态。输电回路停运判断示意图如图 4-20 所示。

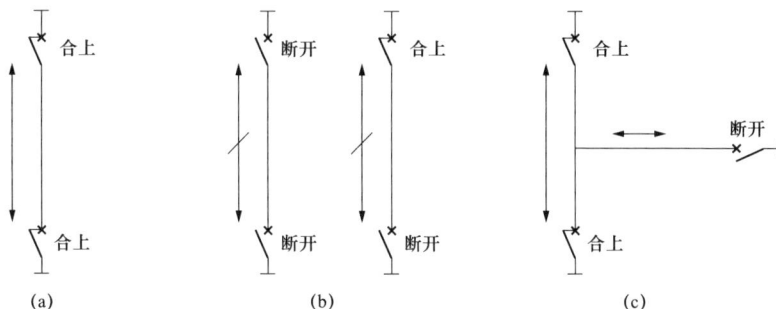

图 4-20　输电回路停运判断

（a）回路运行；（b）回路功能全部丧失；（c）回路功能部分丧失

图 4-20（b）中的输电回路无论是断开了两侧还是一侧开关，输

电回路的承担电能传输功能已经全部丧失，因此属于停运；图 4-20（c）中 T 接线的输电回路，如果支线所连接的变电站侧因断路器检修断开，虽然主线可以正常供电，输电线路本身也属于运行状态，但输电回路所承担的三端变电站之间的能量传输功能已部分丧失，属于部分停运。

3. 母线回路

由于母线回路原因造成所连接任一回路停运，该母线回路记为停运。母线回路主要是实现电能的传输与分配功能，当与母线连接的回路由于母线回路的原因停运时，母线回路的电能分配功能已部分或全部丧失，因此母线回路处于停运状态。与输电、变电回路不同，母线回路不是依据母线本身是否停电，而是依据此时母线相关联的输电、变电回路有没有受到影响而停运。所以母线回路有停运的同时，一定有相关的输电或变电回路有同步停运。母线回路停运判断流程如图 4-21 所示。

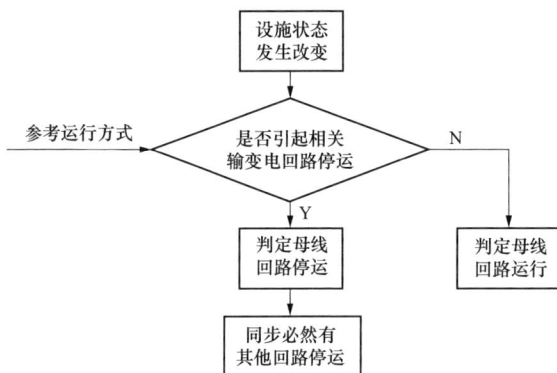

图 4-21　母线回路停运判断流程

如单母分段接线方式的母线回路，当一段母线检修时，造成与该段母线相连的输电、变电回路停运，因此母线回路属于停运。注意：当输电、变电回路由于自身原因计划停运时，不应计入母线回路停运。

（三）停运时间的定性

起始时间指回路功能丧失的时间（操作票上的最早停运操作开始

时间或故障发生时间）。终止时间指回路功能恢复的时间（操作票上的最晚投运操作结束时间或向调度报备用的时间）。如母线回路停运起止时间为因母线回路原因导致与之相连回路最早停运时间和最后恢复运行（或调备）的时间。

（四）停运性质判定中的注意事项

1. 元件停运事件与回路停运事件不一致

（1）元件有停运事件，相应回路无停运事件。回路所包含的设备虽然发生了停运，但该设备的功能由其他设备代替，或者该设备停运并未影响到任何回路的功能时，回路仍在运行状态。

例如，双母分段接线方式的一个母联断路器检修，不影响该段母线上的输电、变电回路运行，则该母线回路没有停运事件。再比如，某母线电压互感器检修，该元件有停运事件，如果判定对母线回路的功能没有影响，则应判定所在母线回路仍在运行状态。

（2）元件停运事件状态与回路停运事件性质不一致。由于设施的停运状态与回路的停运性质的分类方式、规则存在差异，造成回路所包含的设备停运事件状态不一致。对于回路停运事件的统计，既没有主设备、辅助设备的区分，也没有一次设备、二次设备的区分，只要回路功能消失，则都统计入回路停运事件中。

例如，输电线路上同杆并架的 ADSS 光缆施工引起线路停运，由于 ADSS 光缆不属于输电线路的范围，所以输电线路和两端的变电设备都属于受累停运状态。但对于此输电回路而言，其停运性质不是受累，而是应统计为计划停运事件。

（3）元件没有运行事件，但回路有停运事件。此种情况主要在回路的调度停运、受累停运情况下存在。

1）输电线路或变压器某侧断路器热备用：当在此种情况下，此时输电线路和变压器都有一侧带电，仍属运行状态，对于其中断开端的断路器，属热备用。在这个输电回路中，所有的元件都没有运行事件，但是对于输电回路而言，应统计为调度停运事件。

2）母线失电造成母线上的变电回路停运：当进线电源跳闸或母差保护动作等原因引起母线失电时，会同步造成母线上的变电回路停运。这些受影响的变电回路由于其内部元件没有相应的动作与操作，一般没有元件事件，但实际输电、变电回路的功能均已完全丧失，应统计为受累停运事件。

在具体判断过程中，容易出现的问题：

a．不进行人为判断，统计中将回路事件停运性质与设施事件的状态默认为一致，导致将部分不影响回路功能的事件错误统计判定为回路停运，或错误判定回路停运性质。

b．母线回路事件很多，对于间隔检修母线侧隔离开关配合拉开、电压互感器或分段、母联开关等检修都记为母线回路停运。

c．有母线回路停运，但却未统计母线上相应的输电、变电回路停运。

d．对只有一台设备的回路（比如输电回路的线路部分）未进行元件事件合并处理。

e．没有对无元件事件但需要有回路事件的数据进行收集和统计。

f．对部分停运性质的事件，没有根据回路功能丧失程度填写折算系数。

g．没有仔细判断受累的回路事件，停运性质判定、统计不准确。

2．设施变更引起的回路停运事件的判定

（1）因回路设施发生变更并引起回路停运时，回路记为计划停运。如线路改道、主变压器增容、母线接线方式变化等。

（2）变电站设备间隔调换，回路功能并未发生任何变化，只是实现回路功能的设备发生了变化，回路不应做变更处理，应在回路运行事件维护后，及时更新组成回路的设备信息。如果只是调度编号重新命名，则直接修改设备名称即可。

（3）设备由于某种原因进行更换、改造、拆除，除了整体回路功能消失（如线路Π接入其他变电站）外，回路都应有停运事件。对于设施可靠性统计的历史数据，设备的更换、改造可能由于统计规则的原因直接在停运的时间点办理了退出手续而引起没有运行事件，此时在回路运行事件统计中仍应统计为回路停运。

当母线回路由于电源进线跳闸失电时，母线回路统计受累停运事件，且在折算系数计算时，在分子分母中，均应扣除跳闸电源进线回路数。

（4）母联、分段、旁路或电压互感器等母线回路设备单独停运，未造成其他变电回路或输电回路停运，则不统计入母线回路停运。

（5）母线本身计划停运，通过倒母线操作切换，未造成其他输电、变电回路停运，则不统计入母线回路停运。

（6）因回路二次、远动、通信等设施工作引起回路停运时，回路记为计划停运。

（7）因回路设施发生变更并引起回路停运时，回路记计划停运。如线路改道、主变压器增容、母线接线方式变化等。

（五）回路停运折算系数的确定

1. 折算系数的概念

折算系数是指对于部分停运的回路事件，在计算回路可用系数和停运率等指标时，考虑停运对回路功能影响的大小所确定的一个修正系数，用 λ 表示，如下式所示。

$$\lambda = \frac{\text{丧失电能传输功能的回路端}}{\text{回路端数} - 1}$$

如果在回路事件统计时不统计折算系数，则默认回路事件的折算系数为 1，即回路的功能完全丧失，对于存在部分停运的单位，其回路在计算可用系数和停运率等指标时可能会比实际水平差。

对于部分停运的回路事件，在统计事件时，除统计事件状态、起止时间等属性外，还应统计折算系数。此系数只影响指标计算结果，在统计事件过程中不应折算时间，即回路运行数据在统计时其起始时间、终止时间应按实际停运时间进行统计。

2. 各类回路折算系数的确定

变电回路和输电回路任意侧停运时，其折算系数计算公式为：

$$折算系数=实际停运侧数/（总侧数-1）$$

其中，三绕组变压器总侧数为 3，对含 T 接线的输电回路和线变组变电回路而言，总侧数为其所连接变电站数。应注意，实际停运侧数统计时不包含未纳入统计侧，即三绕组变压器低压侧或 35kV 及以下电压等级侧在计算变电回路折算系数时均默认为运行。

母线回路折算系数等于因母线回路原因所造成的连接失效回路数除以母线回路的连接回路数。

T 接线单端检修的停运事件要统计折算系数，但对于 T 接线分段检修（两侧及以上变电设备或线路均在工作），在统计回路事件时，注意中间分段检修的时间已经按长度进行了折算（时间取最早停运时间到最后恢复时间），整体事件则没有折算系数。

第二节　数　据　管　理

一、输变电回路可靠性基础数据管理

（一）基础数据管理要求

输变电回路数据管理同输变电设施数据管理要求一样，必须及时、准确、完整。

（二）基础数据管理工作内容

1. 数据收集、整理

数据收集、整理是指对回路进行命名，并进行注册、更变、退出和回路元件的维护。

（1）母线回路。用"变电站名"加"电压等级"命名（如"××站×××kV 母线回路"）。多边形（包括三角形）接线方式亦采用相同方式命名。

对同一电压等级有 2 个及以上母线回路，则分别命名为"××站 ×××kV ×× 母线回路""××站×××kV×× 母线回路"。例如，塔拉站 110kV 1 号母线回路、塔拉站 110kV 2 号母线回路。

（2）变电回路。用"变电站名"加"电压等级"加"变压器名称"命名（如"××站×××kV 1 号主变压器变电回路"）。

对包含 T 接线变组的变电回路，用"电压等级"加"线路名称"命名，如"××kV×× 线变电回路"。

（3）输电回路。用"电压等级"加"线路名称"命名，如"××kV ××线输电回路"。

2. 数据填报

（1）注册回路。回路基础数据的基本属性包括单位信息、编码、名称、区域级别（用于输电回路和线变组变电回路）电压等级、注册日期、退出日期、类型、电源点个数、所连接回路数、额定传输容量（只用于变电回路），回路长度（只用于输电回路）等。

回路的注册日期一般以形成回路的时间为准，三种回路注册日期分别如下：

1）变电回路。变电回路注册以变压器最早注册日期为准。一般线变组接线方式按形成线变组的注册日期为准。对包含 T 接线变组的变电回路，以最早形成线变组的注册日期为准，之后再扩建的支接线路投运不改变变电回路的注册日期。

2）输电回路。输电回路注册以线路最早注册日期为准。支接线路投运不影响输电回路的注册日期。应首先维护回路代码，然后按照分段注册的原则进行回路注册。变电单位和输电单位均需要按照相同的回路编码分别注册输电回路（线变组）。回路的区域级别和其所包含的线路区域级别有差异，一般是大于或等于线路的区域级别。

3）母线回路。母线回路注册以该电压等级最早投运母线段的注册日期为准，即该电压等级投运之后的母线扩建不改变该母线回路的注册日期。

（2）变更回路。

1）回路变更的三种情况如下。

a．回路的隶属单位发生变化。当回路的隶属单位发生变化，回路由 A 单位变更到 B 单位管理时，在原 A 单位进行一次回路的退出操作，由新单位 B 重新进行该回路的一次注册操作。

b．回路性质发生变化。对于回路性质变化，则原回路办理退役手续，重新注册新回路。

c．回路整体功能消失。回路整体功能消失时，应进行回路变更操作。

2）回路变更应注意以下四点。

a．如存在回路运行事件，在回路变更操作前应先维护回路运行事件，变更操作后将不能再对回路的运行数据进行维护。

b．回路的任何设备发生变更，不应进行回路变更操作，而要进行元件的退出与添加。

c．对输电回路，其主要功能是变电站之间的电能传输，如变电站出线间隔调整，输电回路的功能没有发生变化，而只是形成该回路功能的设备发生了变化，此时不应进行回路变更，只需进行构成回路的元件变更。

d．对进行过变更的回路，上级单位看到的回路注册日期是各下级单位最早注册日期，退出日期是各下级单位的最后退出日期。

（3）退出回路。三种回路退出日期分别如下。

1）变电回路。变电回路退出以变压器的退出日期为准。线变组接线方式按变压器和线路两者中的最早退出日期为准。

2）输电回路。输电回路退出以线路最晚退出日期为准。对于有分支线的输电回路，其中的分支线退出运行时，该输电回路无须办理退出，只有回路的最后一段退出运行后，才能将该输电回路退出，回路退出日期以最晚退出的线路日期为准。

3）母线回路。母线回路退出以该回路中最晚退出母线段的退出日期为准。

（4）回路元件维护。回路元件维护根据回路设施划分的基本原则和方法，将输变电设施添加到其所属的回路中。

1）回路添加元件。

a．当新增回路或回路内新增了某元件时，可以从待选择的元件列表中找出相应的元件，将元件添加到回路当中，元件加入回路的日期将自动提取元件的注册日期。

b．当元件并非新设备，而是由原来的某回路退出后又在新的回路中重新投入运行时，必须将元件加入回路的日期修改为从原回路的退出日期至少后一日，否则无法保存。

c．当在待选元件列表中找不到所需的元件时，可能存在有两种问题：一是元件基础数据维护不全导致无法选择；二是元件的回路归属选择错误，元件已经被误选到其他的回路元件之中。这两种情况都应到设施可靠性中检查基础数据是否完整、所归属回路是正确。

2）回路删除元件。当回路元件添加错误时，可以在回路包含的元件列表中找到相应元件，将元件从回路元件中删除，注意删除只能用于还原有误的操作，元件如果确实在回路中存在过，由于某种原因离开此回路则不能使用删除操作而应用变更。

3）回路元件变更。

a．当电网接线方式发生变化或输变电设施运行位置发生变更时，需进行回路元件变更操作，此时应将设施从一个回路退出后再加入另一回路。

b．当元件发生退出、退役的变更操作时，该设备自操作日起将在回路中自动退出，此时应在回路注册界面将新设备重新加入该回路。

4）用户回路元件维护。含用户设备（特别是线路）的回路注册，回路下的用户线路（设备）不需要添加到回路中。

3．数据审核、统计、上报

输变电回路可靠性基础数据的审核、统计、上报与输变电设施可靠性的数据基本一致。

（三）基础数据管理工作流程

1. 基础数据管理工作流程

输变电回路可靠性基础数据管理工作流程与设施可靠性基础数据管理工作流程类似。基础数据管理工作流程如图 4-22 所示。

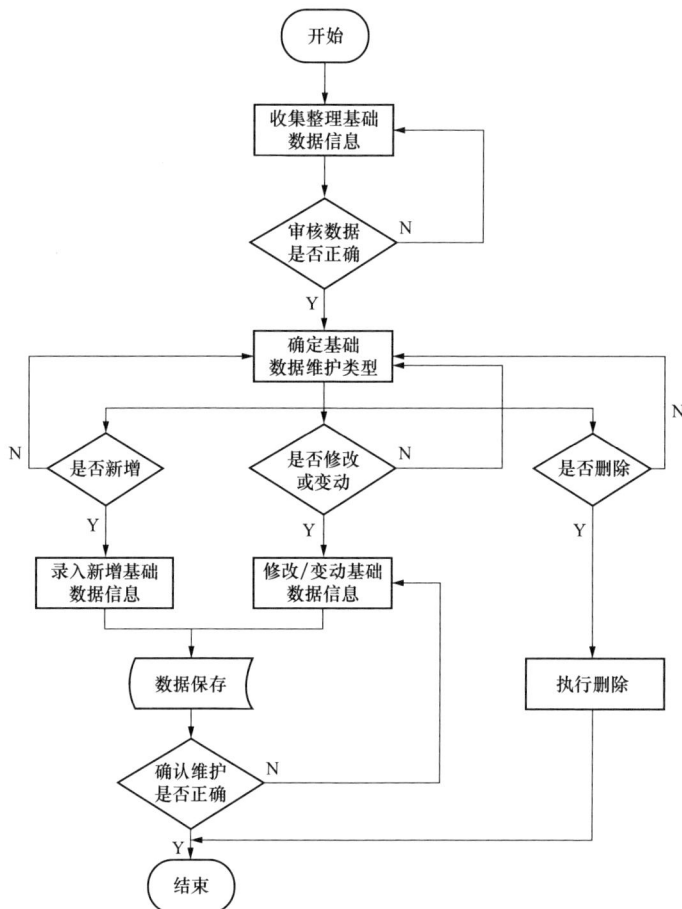

图 4-22　基础数据管理工作流程

2. 基础数据修改工作流程

输变电回路可靠性基础数据修改工作流程与设施可靠性基础数据修改工作流程类似。基础数据修改工作流程如图 4-23 所示。

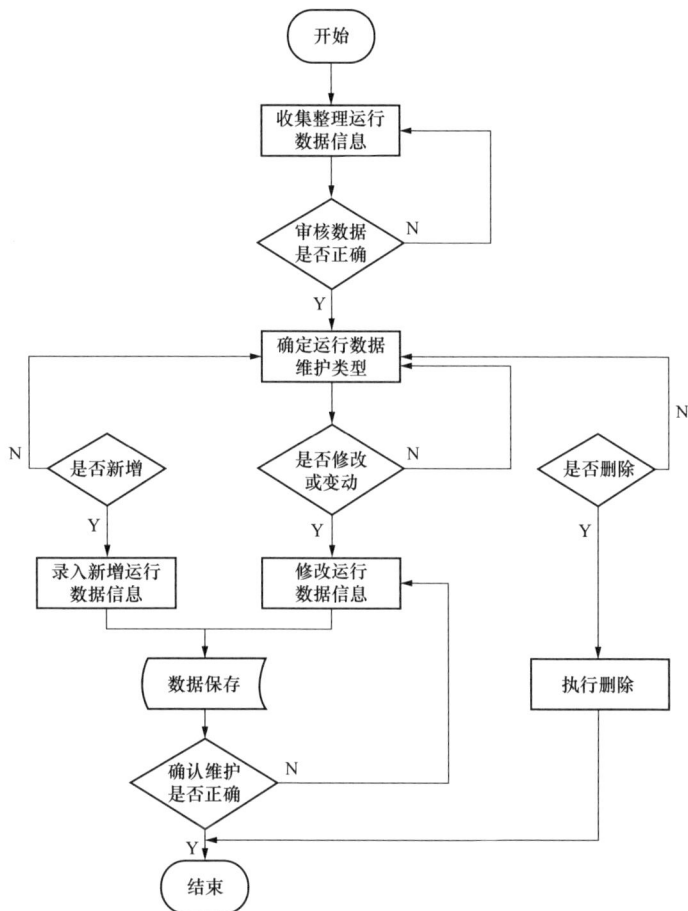

图 4-23　基础数据修改工作流程

（四）基础数据管理工作常见问题及注意事项

（1）单个输变电设施只能归属于一个回路。某一个输变电设施按其在电网结构中的位置只能归属于唯一回路（母线回路、变电回路或输电回路），而不可能既归属于 A 回路，又归属于 B 回路。因此在基础数据注册时必须注册正确，防止出现在 A 回路中多注册某一设施，而在注册 B 回路时找不到该设施。

（2）回路分界点设施归属。要明确回路分界点设施归属（主要是隔离开关），可从以下两个方面判断：

1）该隔离开关是否与母线直接相连。若是则归属于母线回路。

2）正常运行方式下，隔离开关检修时是否会同时影响到母线回路和其他回路运行。如果同时影响，则属于母线回路。

（3）输电回路（线变组）的注册。

1）输电回路（线变组）的注册，应首先维护回路代码，然后按照分段注册的原则进行回路注册。此方式类似于设施可靠性中的线路分段管理。

2）变电单位和输电单位均需要按照相同的回路编码分别注册输电回路（线变组）。

3）回路的区域级别和其所包含的线路区域级别有差异，一般是大于或等于线路的区域级别。

二、输变电回路可靠性运行数据管理

回路可靠性的运行数据是指回路建立或形成后的寿命周期内每一次停运事件的相关信息，包括设施停运事件的时间、状态定性等内容。运行数据填写的正确性对评价回路起到关键作用。可靠性人员必须掌握回路的状态分类、停运时间的判断等内容。

（一）运行数据管理统计范围

输变电回路可靠性运行数据由回路相关编码和运行事件描述参数构成，包括回路的状态分类、运行事件的时间属性、可靠性状态属性、事件属性等信息。回路相关编码在基础数据录入过程中已经完成，回路的运行数据通过这些编码与设施可靠性相关联。

运行数据的统计主要包括回路停运性质分类、停运事件分类、停运事件的定性、停运事件的时间统计等内容。

（二）运行数据管理工作内容

输变电回路可靠性的运行数据指回路投运后的寿命周期内每一次停运事件的相关信息，回路可靠性运行数据由相关编码和运行事件描述参数构成，包括回路的状态分类、运行事件的时间属性、可靠性状态属性、事件属性等信息。运行数据填写的正确性对系统回路评价起到关键作用。

输变电回路运行数据应按照"准确性、及时性、完整性"要求及时录入数据、准确填报数据信息并确保数据信息的完整性。

1. 收集与整理

回路可靠性运行数据是基于设施可靠性运行数据得来的，由该回路中所有设施运行事件构成。在设施运行数据填报后，由基层生产运维人员对回路中元件事件、回路事件进行合并，得出回路可靠性运行数据。该数据包括回路中所有设施的位置属性、设施运行事件的时间属性、可靠性状态属性、事件属性等信息。

母线回路停运起止时间的确定以母线回路原因导致与之相连回路最早停运时间和最后恢复运行的时间为准。

（1）回路停运事件性质的判断。回路停运事件包括计划、故障、受累和调度停运四种类型。

1）调度停运：回路因系统运行方式调整，由调度命令而引起的停运，判定为调度停运类型。

2）受累停运：因相关回路停运或外部原因等而引起的被迫停运，判定为受累停运状态。

3）计划停运：由回路内部元件（包括二次系统、辅助设施等）的原因，需提前 24h 向调度提出申请并获得批准的停运，判定为计划停运状态。

4）故障停运：任何未经调度批准的回路停运，或虽经调度许可，但不能延迟至 24h 以后的停运（从向调度申请起开始计时），判定为故障停运状态。

（2）回路停运事件时间的判断。回路停运事件时间的判断同设施停运事件时间的判断一致。

（3）回路停运事件技术原因和责任原因的判断。回路停电事件的技术原因和责任原因同设施停电事件的原因一致。

（4）回路停运事件的备注说明。所有运行数据都需要在备注中用文字进行说明停电的相关信息。填写外部停电和自然灾害、气候因素等责任原因和停电信息选项中有"其他"时，必须在备注中注明详细信息。

2. 数据审核

五级可靠性工作人员（变电站可靠性管理人员和线路工区可靠性管理人员）在规定期限内及时对回路运行数据逐项逐条进行审核。

四级可靠性工作人员（工区可靠性管理人员）在规定期限内对上报数据进行审核。

三级可靠性工作人员（地市级企业可靠性工作人员）在规定期限内对上报数据进行审核。

3. 分析和应用

回路运行数据的分析和应用在分析输变电设施可靠性指标数据的基础上完成。输变电回路可靠性数据诊断分析由二、三级可靠性专工配合设备及系统专业人员共同完成。通过各种输变电可靠性数据指标、停电事件、停电范围、停电责任原因、停电技术原因等进行有效诊断分析，查找设施质量、生产管理等各环节存在的问题，并进行及时反馈，制定措施，以及时解决问题。诊断分析一般包括如下五个方面：

（1）输变电回路的基本情况。主要包括输变电回路的变化情况等。

（2）输变电回路可靠性指标完成情况。主要包括输电回路、变电回路、母线回路的可用系数、计划停运率、非计划停运率、运行系数等主要指标的完成情况和同期对比变化情况等。

（3）各回路停运分类统计。主要包括按照状态划分输变电回路的停运情况以及历史同期相比较的变化情况，找出影响指标的主要因素。

（4）主要输变电回路非计划停运情况统计。分析回路的停电责任原因、设施，并对发生非计划停运事件的设施的具体零部件、原因进行进一步分析，进而与去年同期进行对比。

（5）评价结论。评价结论包括从指标分析来看回路的指标总体变化情况，可靠性专业存在的问题，可靠性专业管理和其他专业管理的工作建议等。

（三）运行数据管理工作流程

运行数据管理工作流程如图 4-24 所示。

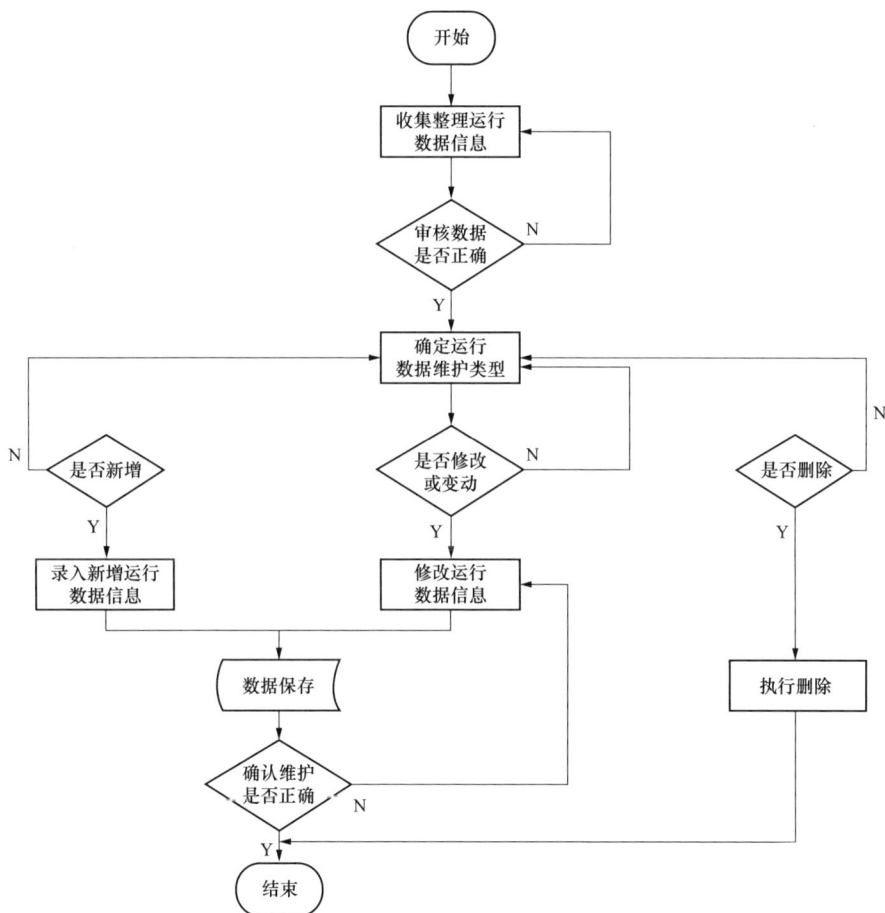

图 4-24　运行数据管理工作流程

（四）运行数据管理工作要求及注意事项

在输变电回路可靠性数据管理过程中，由于与输变电设施可靠性数据管理要求不完全一致，因此容易出现一些错误，将阻碍后续的指标统计工作。

1. 回路停运判断与统计

（1）只有母线回路是按照对相关回路的影响，输电回路和变电回路均按照回路自身是否发生了停电考虑。

（2）对 3/2 母线接线方式，输电（或变电）回路和与之相连的串同步停运时，母线回路不统计停运事件。但因母线故障或计划停运（包括 3/2 接线中不完整串设备停运、完整串中 2 个断路器设备同时停运），造成所连接变电回路或输电回路停运，则需要统计入母线回路停运。

（3）以下情况不统计母线回路停运事件：

1）3/2 接线的完整串中任意一断路器单独停运对系统运行无影响，则不计入母线回路停运。

2）母联、分段、旁路或电压互感器等母线回路设备单独停运，未造成其他变电回路或输电回路停运，则不计入母线回路停运。

3）旁路带线路或主变压器断路器运行，因线路或主变压器单独停运未使整个回路停运，则对应线路或主变压器断路器停运不计入母线回路停运。

4）母线本身计划停运，通过倒母线操作切换，未造成其他变电回路或输电回路停运，则不计入母线回路停运。

（4）以下情况应统计回路停运事件：

1）因二次、远动、通信等设施工作引起回路停运时，回路计划停运。

2）因回路设施发生变更并引起回路停运时，回路计划停运，如线路改道、主变压器增容、母线接线方式变化等引起的回路停运。

3）因远切、低频率保护动作引起回路停运时，回路计受累停运。

（5）关于共管的回路，对端原因引起停运定性，共管回路对侧工作，本侧没有任何工作时，可根据调度下达的调令来定性。如果设备是转备用，本侧回路为调度停运；如果设备是转检修，本侧回路为受累停运。

2. 受累停运和调度停运判断与统计

受累停运和调度停运均是回路本身没有工作的停运。调度停运的判断以是否依据调度令转备用为依据；受累停运是因相关回路停运而被迫停运。对于一个停运事件，如果不能随时恢复运行，就属于受累停运。

（1）对于输电、变电回路所属元件存在运行事件的，核实有无旁路带运行等方式变化。若已带运行，此时元件有事件而回路无事件。

（2）对于母线回路所属元件存在运行事件的（如母线、母联、电压互感器或分段等检修），核实是否造成相应回路停电。若未造成相应回路停电，此时元件有事件而回路无事件。

（3）由于回路事件合并必须建立在下级回路事件完全准确的情况下，因此当运行数据存在如下情况时应重点进行审查：

1）母线回路特别是双母线及 3/2 接线停运事件较多。

2）有回路受累事件，但却找不到同时其他回路计划或故障停运事件。

3）母线回路停运事件的折算系数全部为 1。

4）回路非调度停运事件持续时间过长。

（4）漏报元件事件原因不全的回路事件。在元件运行数据中，回路所属元件全部为受累停运，实际从备注中或数据追溯中可以判断原回路有设备存在停运，但事件遗漏。在统计回路停运事件时未按要求进行填报。

1）设备增容改造原因的回路事件漏报。例如，将原设备增容按退出处理，实际从该回路其他元件的事件备注中或数据追溯中可以判断出停运原因，在统计回路停运事件时未按要求进行填报。

2）回路事件不进行合并。回路运行数据仍采用三段式，计划停运事件前后的操作仍按受累停运填报。

3）回路事件未按要求拆分。回路在调度停运期间进行了检修，在形成回路事件时，直接将两端的调度停运时间合到计划停运中，未

187

拆分为多个事件。

4）回路事件停运定性错误。如将二次工作、公用二次回路通信远动工作、回路中非主设备引起的停运、线路改造后的参数测量、核相、工程停电和保护动作等按受累停运维护。

（5）当母线回路由于电源进线跳闸失电时，母线回路统计受累停运事件，折算系数计算时扣除跳闸的电源进线回路。

（6）折算系数的确定如下：

1）当回路功能部分丧失时，该回路停运事件应统计折算系数。

2）折算系数只影响指标计算结果，在统计事件过程中不应进行折算，即回路运行数据在统计时，其起始和终止时间应按实际停运时间进行统计。

3）输电回路、变电回路的折算系数=实际停运侧数/（总侧数–1）。

4）母线回路的折算系数=因母线回路原因造成的连接失效回路数/母线回路的回路连接数。

第三节　指标计算与应用

输变电可靠性是指输变电回路按照规定或约定的技术参数保持持续、稳定运行的能力。

一、指标分类

输变电回路可靠性评价指标主要分为基础指标和通用指标。基础指标主要包括回路调度停运等效小时、回路受累停运等效小时、回路计划停运等效小时等，通用指标主要包括回路可用系数、回路停运率等，另外还有输电回路专用指标、不同类型回路综合指标。

二、指标定义

（一）输变电回路可靠性的常用指标

（1）回路可用系数。回路可用系数指统计期间内总时间与回路不可用等效小时数（不含调度停运）的差值同统计期间总回路小时数比

值的百分数。公式为

$$回路可用率 = \left(1 - \frac{\sum 回路不可用等效小时}{\sum 统计期间小时}\right) \times 100\%$$

统计期间小时：回路处于使用状态下，根据统计需要选取期间的小时数。$\sum$ 统计期间小时表示统计期间总回路小时数，等于统计期间小时与统计范围内总回路数的乘积，如 12 个回路 30 天内的总回路小时数为 30×24×12=8640（h）。

（2）回路停运率。回路停运率指统计期间内回路不可用次数（不包含调度停运和瞬时停运）与统计回路年数的比值。其计算公式为

$$回路停运率 = \frac{\sum 回路不可用次数}{\sum 统计回路年}$$

统计回路年：统计范围内总回路数以年为基准来进行折算的数值，如 24 个回路半年内的统计回路年为 24×0.5=12 回路·年。

停运率指标可按停运性质分为计划、故障、受累、调度停运四类分别计算。

注意，为了方便查阅，下面列举出输变电回路可靠性常用指标（见表 4-1），其他指标、术语详细请参阅《输变电回路可靠性评价规程》或其他现行有效的标准中有关内容。

三、应用算例

下面通过示例说明输变电回路可靠性指标的计算过程。

某单位共 2 条 110kV 输电回路（A 输电回路线路长度 50km、B 输电回路线路长度 100km）、1 个线变组回路（其线路长度 30km）、20 个非线变组变电回路。2022 年主要事件包括：A 输电回路故障停运 1 次，持续时间 2h；B 输电回路保护检验停运 1 次，持续时间 6h；线变组回路由于变压器高压设备故障停运 1 次，持续时间 4h；其他非线变组变电回路共调度停备 2 次，总持续时间 48h、计划停运 7 次，平均持续时间 12h。以下计算该单位 2022 年输电回路及变电回路的可用系数、停运率、计划停运率和故障停运率。（2022 年统计期间小时为 8760h，且不统计折算系数）

表 4-1　输变电回路可靠性常用指标

序号	类别	统计指标及公式	备注
1	基础指标	回路调度停运等效小时 = λ × 回路调度停运持续小时　(h)	
2	基础指标	回路受累停运等效小时 = λ × 回路受累停运持续小时　(h)	
3	基础指标	回路计划停运等效小时 = λ × 回路计划停运持续小时　(h)	
4	基础指标	回路故障停运等效小时 = λ × 回路故障停运持续小时　(h)	
5	基础指标	回路不可用等效小时 = λ × 回路不可用持续小时 = 受累停运等效小时 + 计划停运等效小时 + 故障停运等效小时	
6	通用指标	回路可用率 = $\left(1 - \dfrac{\sum 回路不可用等效小时}{\sum 统计期间小时}\right) \times 100\%$	不含调度停运
7	通用指标	回路停运率 = $\dfrac{\sum 回路不可用次数}{\sum 统计回路年}$ [次/(回路·年)]	不含调度停运和瞬时停运
8	通用指标	回路调度停运率 = $\dfrac{\sum 回路调度停运次数}{\sum 统计回路年}$ [次/(回路·年)]	
9	通用指标	回路受累停运率 = $\dfrac{\sum 回路受累停运次数}{\sum 统计回路年}$ [次/(回路·年)]	
10	通用指标	回路计划停运率 = $\dfrac{\sum 回路计划停运次数}{\sum 统计回路年}$ [次/(回路·年)]	
11	通用指标	回路故障停运率 = $\dfrac{\sum 回路故障停运次数}{\sum 统计回路年}$ [次/(回路·年)]	
12	通用指标	回路瞬时停运率 = $\dfrac{\sum 回路瞬时停运次数}{\sum 统计回路年}$ [次/(回路·年)]	不含瞬时停运

续表

序号	类别	统计指标及公式	备注
13	通用指标	回路停运率 $=\dfrac{\sum 某回路不可用等效小时（h）}{\sum 该回路等效回路数}$	
14	通用指标	回路调度停运时间 $=\dfrac{\sum 某回路调度停运等效小时（h）}{\sum 该回路等效回路数}$	
15	通用指标	回路受累停运时间 $=\dfrac{\sum 某回路受累停运等效小时（h）}{\sum 该回路等效回路数}$	
16	通用指标	回路计划停运时间 $=\dfrac{\sum 某回路计划停运等效小时（h）}{\sum 该回路等效回路数}$	不含调度停运
17	通用指标	回路故障停运时间 $=\dfrac{\sum 某回路故障停运等效小时（h）}{\sum 该回路等效回路数}$	
18	通用指标	回路停运恢复时间 $=\dfrac{\sum 某回路不可用持续小时数（h/次）}{\sum 该回路不可用停运次数}$	
19	通用指标	回路调度停运恢复时间 $=\dfrac{\sum 某回路调度停运持续小时数（h/次）}{\sum 该回路调度停运次数}$	
20	通用指标	回路受累停运恢复时间 $=\dfrac{\sum 某回路受累停运持续小时数（h/次）}{\sum 该回路受累停运次数}$	
21	通用指标	回路计划停运恢复时间 $=\dfrac{\sum 某回路计划停运持续小时数（h/次）}{\sum 该回路计划停运次数}$	
22	通用指标	回路故障停运恢复时间 $=\dfrac{\sum 某回路故障停运持续小时数（h/次）}{\sum 该回路故障停运次数}$	

续表

序号	类别	统计指标及公式	备注
23	通用指标	回路 N 次重复停运率 = $\dfrac{\text{Σ不可用停运 N 次及以上回路停运次数}}{\text{Σ统计回路年}}$ [次/(回路·年)]	不含调度停运和瞬时停运
24	通用指标	未发生停运比例 = $\dfrac{\text{未发生停运的回路数}}{\text{总回路数}} \times 100\%$	
25	输电回路专用指标	输电回路可用系数 = $\left(1 - \dfrac{\text{Σ某输电回路不可用等效小时×该输电回路长度}}{\text{Σ某输电回路统计期间小时×该输电回路长度}}\right) \times 100\%$	
26	输电回路专用指标	输电回路停运率 = $\dfrac{\text{Σ某输电回路不可用次数}}{\text{Σ某输电回路百千米年}}$ [次/(百千米·年)]	不含调度停运和瞬时停运
27	输电回路专用指标	输电回路调度停运率 = $\dfrac{\text{Σ某输电回路调度停运次数}}{\text{Σ某输电回路百千米年}}$ [次/(百千米·年)]	
28	输电回路专用指标	输电回路受累停运率 = $\dfrac{\text{Σ某输电回路受累停运次数}}{\text{Σ某输电回路百千米年}}$ [次/(百千米·年)]	
29	输电回路专用指标	输电回路计划停运率 = $\dfrac{\text{Σ某输电回路计划停运次数}}{\text{Σ某输电回路百千米年}}$ [次/(百千米·年)]	
30	输电回路专用指标	输电回路故障停运率 = $\dfrac{\text{Σ某输电回路故障停运次数}}{\text{Σ某输电回路百千米年}}$ [次/(百千米·年)]	不含瞬时停运
31	输电回路专用指标	输电回路瞬时停运率 = $\dfrac{\text{Σ某输电回路瞬时停运次数}}{\text{Σ某输电回路百千米年}}$ [次/(百千米·年)]	
32	输电回路专用指标	输电回路停运时间 = $\dfrac{\text{Σ某输电回路不可用等效小时×该输电回路长度}}{\text{Σ某输电回路等效回路数×该输电回路长度}}$ (h)	

续表

序号	类别	统计指标及公式	备注
33	输电回路专用指标	输电回路调度停运时间 $=\dfrac{\sum 某输电回路调度停运等效小时\times 该输电回路长度}{\sum 某输电回路等效回路数\times 该输电回路长度}$（h）	
34	输电回路专用指标	输电回路受累停运时间 $=\dfrac{\sum 某输电回路受累停运等效小时\times 该输电回路长度}{\sum 某输电回路等效回路数\times 该输电回路长度}$（h）	
35	输电回路专用指标	输电回路计划停运时间 $=\dfrac{\sum 某输电回路计划停运等效小时\times 该输电回路长度}{\sum 某输电回路等效回路数\times 该输电回路长度}$（h）	
36	输电回路专用指标	输电回路故障停运时间 $=\dfrac{\sum 某输电回路故障停运等效小时\times 该输电回路长度}{\sum 某输电回路等效回路数\times 该输电回路长度}$（h）	
37	不同类型回路综合指标	回路综合可用系数 $=\dfrac{\sum 某类回路可用系数\times 该类回路统计回路年}{\sum 某类回路统计回路年}\times 100\%$	
38	不同类型回路综合指标	回路综合停运率 $=\dfrac{\sum 某类回路停运率\times 该类回路统计回路年}{\sum 某类回路统计回路年}$［次/（百千米·年）］	
39	不同类型回路综合指标	回路综合调度停运率 $=\dfrac{\sum 某类回路调度停运率\times 该类回路统计回路年}{\sum 某类回路统计回路年}$［次/（百千米·年）］	
40	不同类型回路综合指标	回路综合受累停运率 $=\dfrac{\sum 某类回路受累停运率\times 该类回路统计回路年}{\sum 某类回路统计回路年}$［次/（百千米·年）］	
41	不同类型回路综合指标	回路综合计划停运率 $=\dfrac{\sum 某类回路计划停运率\times 该类回路统计回路年}{\sum 某类回路统计回路年}$［次/（百千米·年）］	
42	不同类型回路综合指标	回路综合故障停运率 $=\dfrac{\sum 某类回路故障停运率\times 该类回路统计回路年}{\sum 某类回路统计回路年}$［次/（百千米·年）］	

续表

序号	类别	统计指标及公式	备注
43	不同类型回路综合指标	回路综合停运时间 $=\dfrac{\sum 某类回路停运时间 \times 该类回路统计回路年}{\sum 某类回路统计回路年}$（h）	
44	不同类型回路综合指标	回路综合调度停运时间 $=\dfrac{\sum 某类回路调度停运时间 \times 该类回路统计回路年}{\sum 某类回路统计回路年}$（h）	
45	不同类型回路综合指标	回路综合受累停运时间 $=\dfrac{\sum 某类回路受累停运时间 \times 该类回路统计回路年}{\sum 某类回路统计回路年}$（h）	
46	不同类型回路综合指标	回路综合计划停运时间 $=\dfrac{\sum 某类回路计划停运时间 \times 该类回路统计回路年}{\sum 某类回路统计回路年}$（h）	
47	不同类型回路综合指标	回路综合故障停运时间 $=\dfrac{\sum 某类回路故障停运时间 \times 该类回路统计回路年}{\sum 某类回路统计回路年}$（h）	
48	不同类型回路综合指标	回路综合停运恢复时间 $=\dfrac{\sum 某类回路停运恢复时间 \times 该类回路停运次数}{\sum 某类回路停运次数}$（h/次）	
49	不同类型回路综合指标	回路综合调度停运恢复时间 $=\dfrac{\sum 某类回路调度停运恢复时间 \times 该类回路停运次数}{\sum 某类回路停运次数}$（h/次）	
50	不同类型回路综合指标	回路综合受累停运恢复时间 $=\dfrac{\sum 某类回路受累停运恢复时间 \times 该类回路停运次数}{\sum 某类回路停运次数}$（h/次）	
51	不同类型回路综合指标	回路综合计划停运恢复时间 $=\dfrac{\sum 某类回路计划停运恢复时间 \times 该类回路停运次数}{\sum 某类回路停运次数}$（h/次）	
52	不同类型回路综合指标	回路综合故障停运恢复时间 $=\dfrac{\sum 某类回路故障停运恢复时间 \times 该类回路停运次数}{\sum 某类回路停运次数}$（h/次）	

1. 输电回路

$$可用系数 = \left(1 - \frac{\sum 回路不可用等效小时}{\sum 统计期间小时}\right) \times 100\%$$

$$= \left(1 - \frac{1 \times 2 + 1 \times 6}{8760 \times 2}\right) \times 100\% = 99.954\%$$

$$停运率 = \frac{\sum 回路不可用次数}{\sum 统计回路年}$$

$$= \frac{1 + 1}{(50 + 100) \div 100} = 1.333[次/(百千米 \cdot 年)]$$

$$计划停运率 = \frac{\sum 回路计划停运次数}{\sum 统计回路年}$$

$$= \frac{1}{(50 + 100) \div 100} = 0.666[次/(百千米 \cdot 年)]$$

$$故障停运率 = \frac{\sum 回路故障停运次数}{\sum 统计回路年}$$

$$= \frac{1}{(50 + 100) \div 100} = 0.666[次/(百千米 \cdot 年)]$$

2. 变电回路

$$可用系数 = \left(1 - \frac{\sum 回路不可用等效小时}{\sum 统计期间小时}\right) \times 100\%$$

$$= \left(1 - \frac{1 \times 4 + 7 \times 12}{8760 \times 21}\right) \times 100\% = 99.952\%$$

$$停运率 = \frac{\sum 回路不可用次数}{\sum 统计回路年} = \frac{1 + 7}{21} = 0.381[次/(回路 \cdot 年)]$$

$$计划停运率 = \frac{\sum 回路计划停运次数}{\sum 统计回路年} = \frac{7}{21} = 0.333[次/(回路 \cdot 年)]$$

$$故障停运率 = \frac{\sum 回路故障停运次数}{\sum 统计回路年} = \frac{1}{21} = 0.048[次/(回路 \cdot 年)]$$

第五章

数据分析与应用

对输变电可靠性数据进行分析是可靠性管理的重要内容。通过对输变电可靠性数据的分析，结合现场工作实际，可以发现电力安全生产过程中存在薄弱环节的内外因，进而提出针对性措施，制定切实可行的工作方案，提升电网建设和生产管理水平，逐步改善电力企业输变电可靠性管理工作。本章主要介绍电力可靠性数据分析方法及分析内容、输变电可靠性数据应用及数据应用实例。

第一节　输变电可靠性数据分析

输变电可靠性数据分析是可靠性数据应用的前提和基础，是可靠性管理工作的一项重要内容。通过对可靠性数据的分析，找出可靠性管理工作中存在的问题环节，利用分析会商等形式，提出改进措施，并进行落实，以期企业可靠性管理水平的稳步提升。

一、诊断分析方法

纵向对比分析法主要是通过对输变电设施或回路不同年度或不同时间阶段同一指标的数据变化进行对比分析，对指标变化的趋势和变化的幅度进行分析，从中以找出变化趋势和薄弱环节，提出今后改进工作的意见和建议。如对架空线路可用系数、停运率、重复停电等均可采用纵向对比分析法进行诊断分析，从中发现可靠性管理水平的变化。

横向比较分析法主要是通过电力企业之间或电力企业内部兄弟单位之间同一时间阶段同一指标进行对比分析，从中以找出差距和不足，借鉴先进单位的典型经验，促进可靠性指标的提升。

在对输变电设施或回路计划停运的分类、非计划停运的责任原因进行分析以期找到停电主要因素时，一般采用类别比较分析法。

二、诊断分析流程

可靠性数据诊断分析工作流程一般分为三个步骤，如图 5-1 所示。首先，可靠性归口管理部门对可靠性数据指标进行归纳、整理、汇总，深入分析可靠性数据反映出的问题及关键因素，提出相关改进意见，形成诊断分析报告；其次，可靠性归口管理部门组织各业务管理部门进行分析会商，对得出的诊断分析结果结合现场实际工作进行深层次的分析，找出可靠性管理相关环节存在的问题，提出改进建议；最后，各相关业务管理部门根据出现的问题落实改进措施，并将实施结果反馈至可靠性归口管理部门，形成可靠性管理闭环工作机制，在开展可靠性数据诊断分析过程中，可靠性归口管理部门组织各相关环节分析会商非常重要，业务管理部门参与分析，更容易找出问题存在的根本原因，制定出更加科学合理的改进措施，切实发挥可靠性数据分析结果的有效性。

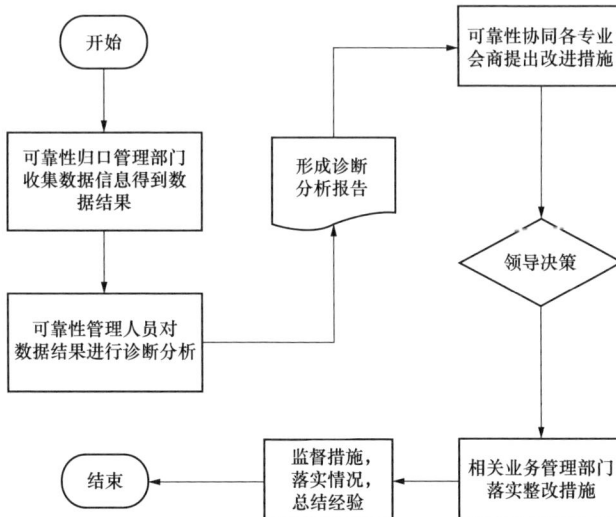

图 5-1　诊断分析流程示意图

三、诊断分析内容

输变电可靠性数据分析内容一般包括输变电设施（回路）运行状况和可靠性指标完成情况。

1. 电网设施运行状况分析

电网设施运行状况分析主要对各类设施近年来的规模变化、设备新增或退出退役情况，以及设施运行年限等进行统计分析。通过分析，对历年来电网建设发展速度进行比较。

2. 可靠性指标完成情况分析

分析各类设施的可靠性指标完成情况，可从各个方面进行统计分析。如对设施不可用状态进行统计分析，可以得出停运时间、停运次数、停用占比与上一统计期的变化分布情况，得出统计期内该设施停运时间影响最大的工作类别；可以按照设备原因、人员原因及外部原因等，对设施非计划停运情况做进一步的深入分析，得出问题占比，找出影响该类设施可靠性指标的主要原因。

对于重复停电，可以按照重复停电类别、重复停电的责任原因、技术原因、天气情况分类，以及停电计划的安排上进行统计分析，找出导致重复停电的主要原因，并提出指导建议。

在对设施或回路进行诊断分析时，统计周期一般取本年度（月度）及以上。通过对比分析，得出可靠性数据变化的曲线图（柱状图）和数据分布的态势图（饼图）。

四、诊断分析报告

输变电设施可靠性数据诊断分析报告由可靠性归口管理部门组织编制，报告一般由以下四部分内容构成。

（一）输变电设施基本情况

设施主要包括 35kV 及以上各电压等级架空线路、变压器、断路器、隔离开关和全封闭组合电器。按照设施所属单位分类别进行基本情况的统计；统计范围包括设施的规模，新增、变更、退出退役设施的变化，以及设施运行年限统计等；统计周期为本年度（月度）以及上一年（月），得出设施变化的曲线图。

（二）输变电设施可靠性指标完成情况

（1）设施主要包括 35kV 及以上电压等级输变电设施可靠性的总体完成情况，包括设施基础、可用系数、计划停运事件、计划停运次数、计划停运率、非计划停运次数、非计划停运时间、非计划停运率、强迫停运率、重复停电率等指标。

（2）采用纵向对比分析法得出统计期当年（月）与上一年（月）35kV 及以上电压等级输变电设施可靠性的总体完成情况的对比结果，包括可用系数、停运率、重复停电率等，得出设施变化的曲线图。

（3）统计期当年（月）各下属单位 35kV 及以上电压等级的架空线路、变压器、断路器、隔离开关、全封闭组合电器的主要可靠性指标，包括统计期内设施技术参数、设施可用系数、运行系数、计划停运率、非计划停运率、强迫停运率、重复停电率的完成情况。采用纵向对比分析法得出与上一年度（月度）同期的对比变化结果，得出各项指标的变化趋势和幅度；采用类别比较分析法对各下属单位指标完成情况进行比较，找出对指标影响较大的下属单位。

（三）输变电设施停运情况分类统计分析

（1）统计 35kV 及以上各电压等级的架空线路、变压器、断路器、隔离开关、全封闭组合电器的运行情况，包括可用时间和不可用时间（可用包括运行和备用，不可用包括计划停运和非计划停运），以及各自所占的比例，并显示出设备的运行状态。

（2）对于不可用状态，按照计划停运和非计划停运分别对上述五类主要设施进行统计分析。计划停运按照大修、小修、试验、清扫和改造施工的顺序对停电时间、停电次数进行统计分析，得出统计期内该设施停运事件影响最大的工作类别并加以说明，同时采用纵向对比分析法得出停运时间、停运次数与上一统计期的变化趋势和幅度，找出影响可靠性指标的主要因素；非计划停运按照第一类、第二类、第三类、第四类非计划停运的顺序对停电时间、停电次数进行统计分析，得出统计期内该设施影响可用系数最大的非计划停运类别以及强迫停运占非计划停运的比例并加以说明，同时采用纵向对比分析法得出停运时间、停运次数与上一统计期的变化趋势和幅度，找出影响可靠性指标的主要因素。

（3）对于非计划停运，采用类别对比分析法对上述五类主要设施进行统计分析。按照责任原因、技术原因、部位的分类，对设施非计划停运情况做进一步的深入分析，要求分析到具体零部件、具体原因，并与上一统计期进行对比，得出变化趋势和幅度，找出影响可靠性指标的主要因素。

（4）对于重复停电，采用类别对比分析法对上述五类主要设施进行统计分析。按照重复停电类别，重复停电的责任原因、技术原因、部位的分类，以及停电计划的安排上进行统计分析，找出导致重复停电的主要因素，并提出改进意见和建议。

（5）对于退役设备平均寿命分析，通过对上述五类设备基本情况的统计分析，得出各类设施的最长和最短平均寿命；通过对最短平均寿命设施在全寿命周期内停运次数、停运时间的分析以及分析该设施的退出退役原因，找出导致平均寿命短的主要因素，提出该类型设施今后的发展趋势和检修方向。

（6）对变电设施的设备厂家、设备型式等属性采用类别对比分析法进行统计分析，得出的设备运行情况好或者差的设备厂家或设备型式。

（7）对其他分析，包括长时间停电时间分析、强迫停运分析、设备投运年限分析以及带电作业分析等。

五、主要成效分析

评价结论应包含以下三个主要方面的内容：

（1）从指标分析来看，输变电设备可靠性指标总体变化情况。

（2）问题及整改措施落实情况。

（3）改进措施和工作建议。

第二节　输变电设施可靠性数据应用

输变电设施可靠性数据的应用涉及规划、设计、制造、物资、基建、调度、运检等各个环节。通过对输变电设施可靠性指标的统计和数据的分析，形成输变电设施可靠性诊断分析报告，发挥可靠性数据的指导服务作用，指导各业务管理部门相关工作的开展，是促进可靠性管理及其他相关专业管理水平提高的有效途径。

输变电设施的可靠性是以设施功能为目标，设施在规定的运行条件下，在预定的时间内，完成规定功能的能力。例如，断路器的可靠性是指断路器在规定的运行环境下，在预定的时间内，接通和连续承受正常电流、开断电路正常电流以及短时承受和切断规定的非正常电流的能力的量度。输变电设施可靠性的统计、分析是深入掌握和评价输变电设施在电力系统中运行状况的主要措施。对改进设备制造、安装质量、工程设计和生产管理等方面也具有重要意义。

评价输变电设施的主要可靠性指标有：非计划停运率、可用系数AF、运行系数SF、强迫停运率FOR、平均连续可用小时CSH、暴露率EXR、平均无故障操作次数AOT等。其中输变电设施的非计划停运率、可用系数、强迫停运率已经成为生产管理中评价输变电设施健康水平的三个主要指标。输变电设施可靠性指标的目标管理大多以这些指标的提高为目标展开。在输变电设施可靠性管理中通过各种管理和技术方法的采用，输变电设施可靠性指标得到了明显提高，从而从设备稳定运行角度保证了电网的安全、可靠。

输变电设施可靠性管理信息系统收录了历年来电力系统13类输变电设施的基础数据和运行数据，其中蕴含的信息量十分巨大。例如，断路器基础数据就包括电压等级、型式、断口数量、额定电流、额定开断电流、操动机构型式、操动机构型号，制造厂、出厂日期、投运日期等内容。由于统计范围的广泛性，通过计算、分析、比较，能够

201

发现许多有价值的统计规律，对指导生产实践具有重要意义。

一、数据应用途径

可靠性管理人员应根据可靠性分析会商制度，将可靠性数据反映出的问题及时与相关业务管理部门进行分析会商，采取多种形式切实发挥可靠性数据指标指导生产、服务运维的基础性管理作用。

可靠性各相关业务管理部门应充分利用可靠性数据，规划设计部门将历年可靠性数据分析结论应用于电网规划、设计工作，避免出现因规划设计不周等原因造成电网可靠性水平下降，进一步完善电网规划设计工作中的投资成本与效益回报分析，提高电网系统可靠性水平。设备管理部门可以将可靠性数据分析结果应用于重大技术改造、检修项目前期论证应用于综合检修计划和停电计划管理，应用于设备状态评价和缺陷管理，指导设备运维，减少故障次数，提高安全可靠水平。安监部门在开展电网设备安全检查时，可以将可靠性数据分析结果应用于现场安全状况的监督检查，查找电网存在的安全隐患及缺陷等问题。营销部门可以将可靠性数据分析结果应用于用户报装接电和设备管理，同时结合本单位停电计划及运行方式安排，指导用户合理安排设备检修，督导用户制定落实整改措施。建设部门可将可靠性数据分析结果应用于工程施工过程管理，优化施工方案，加强施工安全质量，提高新投运设施可靠性水平。物资部门可充分运用可靠性数据分析结果，优选可靠性高、质量优良的设备，提高电网装备水平。调度部门可将可靠性数据分析结果应用于停电计划管理，优化电网运行方式，做好可靠性指标预测和可靠性数据检查工作。

二、数据应用示例

以 2023 年蒙西电网 12 个地市供电单位输变电设施可靠性数据为例，简单说明电力可靠性数据分析在某些方面的应用。

（一）变压器分析

2023 年，变压器的统计数量较 2019 年增加 5.546 百台/年，五年来年均增长率达到 21.57%。变压器可用系数近五年总体呈下降趋势，

2023 年变压器可用系数为 99.859%，较 2022 年下降 0.005%，但仍较 2018 年下降 0.039%。变压器强迫停运率近五年呈波动趋势，2023 年略有上升达到 0.448 次/百台年，较 2022 年上升 0.077 次/百台年。主要可靠性指标如图 5-2 所示，完成情况对比见表 5-1。

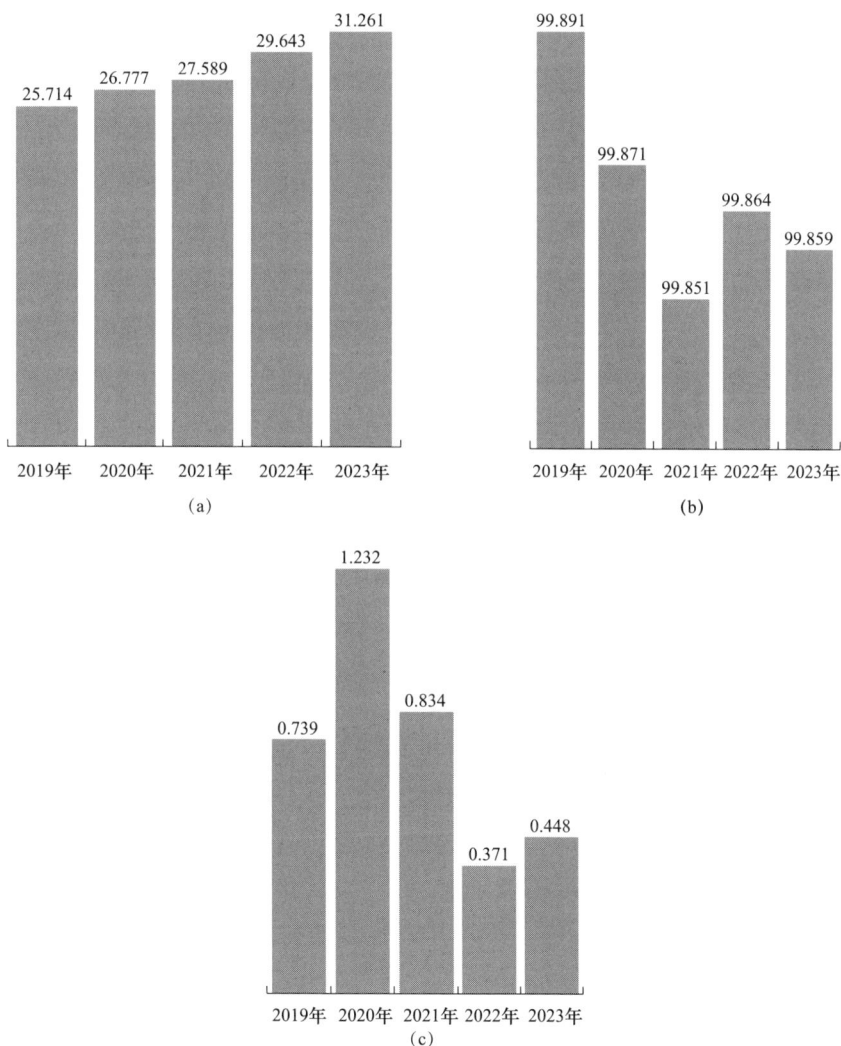

(a)

(b)

(c)

图 5-2 近五年变压器主要可靠性指标

（a）统计（百台·年）；（b）可用系数（%）；（c）强迫停运率［次/百台·年）］

表 5-1　　　　变压器设施近五年可靠性指标完成情况对比

年份项目		2019 年	2020 年	2021 年	2022 年	2023 年
统计（百台·年）	综合	25.714	26.777	27.589	29.643	31.261
	500kV	2.201	2.433	2.572	2.616	2.876
	220kV	3.368	3.62	3.840	4.006	4.206
	110kV	8.755	9.007	9.222	9.541	9.891
	66kV	0.137	0.189	0.220	0.221	0.277
	35kV	11.253	11.528	11.734	13.259	14.011
可用系数（%）	综合	99.891	99.871	99.851	99.864	99.859
	500kV	99.71	99.73	99.687	99.755	99.816
	220kV	99.788	99.636	99.691	99.633	99.805
	110kV	99.902	99.898	99.927	99.920	99.881
	66kV	99.791	99.627	99.219	99.795	98.215
	35kV	99.951	99.958	99.892	99.917	99.901
强迫停运率（次/百台·年）	综合	0.739	1.232	0.834	0.371	0.448
	500kV	0.454	0	0.000	0.000	0.000
	220kV	0.594	0.553	1.042	0.749	0.476
	110kV	1.256	0.999	0.759	0.524	0.607
	66kV	0	0	4.545	0.000	3.613
	35kV	0.444	1.908	0.937	0.226	0.357

1. 变压器按运行单位分类运行可靠性指标

2023 年参与统计的变压器数量占比最多的单位为某三供电公司，占全网变压器总数的 15.8%，最少的为某十二供电公司，占比 1.4%。可用系数前五名的单位分别是：某三供电公司（99.981%）、某六供电公司（99.966%）、某八供电公司（99.936%）、某一供电公司（99.912%）、某二供电公司（99.905%），具体如图 5-3 所示。

2. 变压器按投运时间可靠性指标情况

2023 年，投运时间在 10 年以上，20 年以内的变压器数量最多，达到 1419 台，20 年以上变压器数量较少，仅为 184 台。5 年以上，10

年以内变压器非计划停运率较高，达 1.353%。见表 5-2。

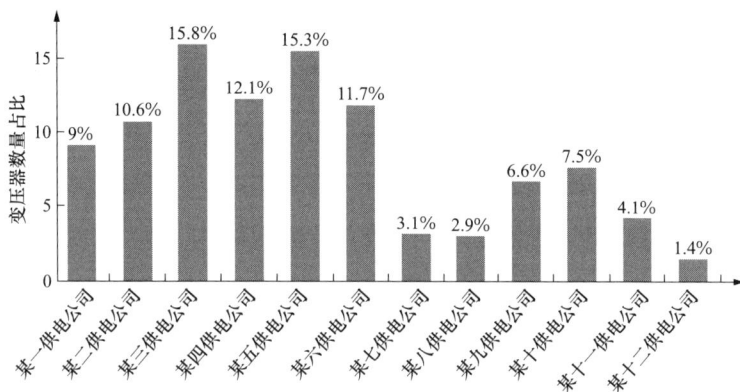

图 5-3   2023 年各单位变压器数量占比图

表 5-2   变压器按投运时间可靠性指标情况

投运时间	电压等级 （kV）	台数 （台）	可用系数 （%）	计划停运率 （%）	非计划停运率 （%）
5 年以内	综合	669	99.833	33.341	0.721
	500	132	99.874	11.164	0.000
	220	128	99.877	38.931	0.000
	110	179	99.928	32.514	0.625
	66	26	99.630	62.218	5.656
	35	204	99.721	37.538	1.121
5 年以上， 10 年以内	综合	961	99.896	41.518	1.353
	500	84	99.861	11.905	3.571
	220	91	99.912	60.440	0.000
	110	333	99.950	44.814	0.602
	66	7	93.875	85.714	28.571
	35	446	99.954	40.085	1.344
10 年以上， 20 年以内	综合	1419	99.857	43.997	1.126
	500	120	99.742	15.833	2.500
	220	185	99.727	60.075	0.541

续表

投运时间	电压等级 （kV）	台数 （台）	可用系数 （%）	计划停运率 （%）	非计划停运率 （%）
10 年以上， 20 年以内	110	414	99.862	52.620	1.448
	66	3	100.000	0.000	0.000
	35	697	99.907	39.657	0.859
20 年以上	综合	184	99.764	38.501	0.527
	500	3	100.000	0.000	0.000
	220	26	99.662	41.283	3.753
	110	79	99.609	60.707	0.000
	35	76	99.953	15.465	0.000

3. 影响变压器可靠性指标的主要因素

2023 年，35kV 及以上变压器可用系数为 99.859%，同比降低 0.008%。计划停运影响的可用系数同比下降 0.025%，非计划停运影响的可用系数同比增加 0.13%。

（1）计划停运影响分析。

2023 年，35kV 以上变压器计划停运次数普遍高于 2022 年，仅 500kV 变压器计划停运次数同比减少。

2023 年，110kV 和 66kV 变压器计划停运时间上升，500、220kV 和 35kV 变压器计划停运时间下降。见图 5-4 和图 5-5。

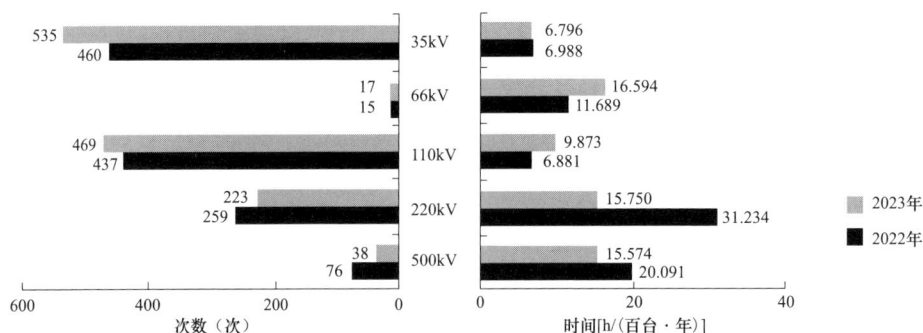

图 5-4　2022—2023 年变压器计划停运情况

206

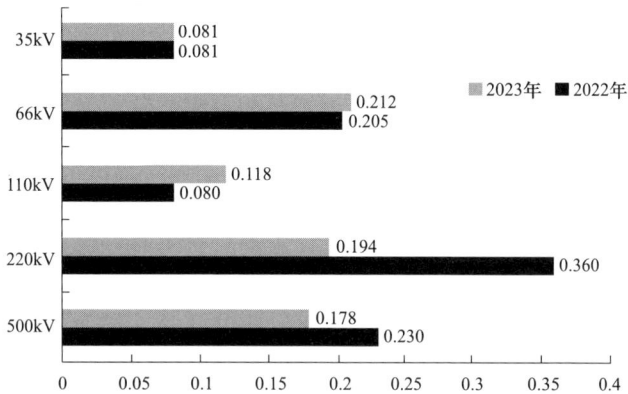

图 5-5　2022—2023 年变压器计划停运影响可用系数情况

（2）非计划停运影响分析。

2023 年，发生 6 次 500kV 变压器非计划停运，时间同比降低 0.719h/（百台·年）；发生 2 次 220kV 变压器非计划停运，同比减少 6 次，非计划停电时间同比减少 0.556h/（百台·年）；110kV 变压器非计划停运次数同比减少 3 次，时间同比增加 0.065h/（百台·年）；66kV 变压器发生 3 次非计划停运，时间同比增加 137.213h/（百台·年）；35kV 变压器非计划停运次数同比增加 2 次，时间同比增加 0.722h/（百台·年）。具体见表 5-3。

表 5-3　2023 年变压器非计划停运情况

年份	500kV		220kV		110kV		66kV		35kV	
	次数（次）	时间［h/（百台·年）］	次数（次）	时间［h/（百台·年）］	次数（次）	时间［h/（百台·年）］	次数（次）	时间［h/（百台·年）］	次数（次）	时间［h/（百台·年）］
2023	6	0.535	2	0.07	9	0.096	3	137.213	14	0.897
2022	1	1.254	8	0.626	12	0.031	0	0	12	0.175

4. 变压器非计划停运事件分析

2023 年变压器共发生非计划停运 34 次，同比增加 1 次。其中 35kV

14 次，同比增加 2 次；66kV 3 次，同比增加 3 次；110kV 9 次，同比减少 3 次；220kV 2 次，同比减少 6 次；500kV 5 次，同比增加 5 次。

（1）按部位分析。2023 年，变压器发生非计划停运的主要部件为其他部件设备，发生非停 11 次，时间 0.364h/（百台·年），占全部非停时间的 21.32%。变压器非计划停电时间最长的设备为绕组，发生非停 7 次，时间 0.562h/（百台·年），占全部非停时间的 32.92%。见表 5-4。

表 5-4   变压器非计划停运按部位分析（电压等级：综合）

非计划停运部位	非计划停运次数（次）	非计划停运时间[h/（百台·年）]	占非计划停运总时间百分比（%）
其他部件设备	11	0.364	21.32
绕组	7	0.562	32.92
铁心	4	0.033	1.93
套管	3	0.006	0.35
分接开关	3	0.033	1.93
非电量保护装置	2	0.002	0.12
3～35kV 变压器保护	1	0.002	0.12
绝缘油	1	0.021	1.23
油箱及储油柜	1	0.682	39.95
冷却系统	1	0.002	0.12

（2）按责任因素分析。2023 年，造成变压器非计划停运次数最多的责任原因是产品质量不良，非计划停运次数 21 次，非计划停运 1.634h/（百台·年），占比 96.92%；电力系统影响是非计划停运次数第二多的原因，次数为 7 次，非计划停运时间 0.019h/（百台·年），占比 1.13%。见表 5-5。

表 5-5　变压器非计划停运责任原因分析（电压等级：综合）

非计划停运原因	非计划停运次数（次）	非计划停运时间 [h/（百台·年）]	占非计划停运总时间百分比（%）
产品质量不良	21	1.634	96.92
电力系统影响	7	0.019	1.13
气候因素	3	0.028	1.66
动物事故	1	0.002	0.12
运行不当	1	0.002	0.12
施工安装不良	1	0.001	0.06

　　输变电可靠性数据的应用，能从输变电系统各个环节和侧面研究使输变电丧失正常功能的因素，提出评价准则，寻求提高电力系统可靠性的途径和方法。提高输变电系统的正确规划与设计，保证合理的冗余度；精心地运行、操作与维护，减少发生故障的可能性，提高设备的可用率。研究分析输变电可靠性有助于提高系统的安全运行水平，促进可靠性管理，使得管理目标定量化、综合化和规律化，推动生产关系优化调整，有利于提高电力系统的经济效益。

第六章

输变电可靠性监督与评价

输变电可靠性监督与评价工作是检验各单位可靠性管理工作成效的重要方面，是评价各单位可靠性工作质量的重要内容。开展可靠性管理监督与评价工作，能够有力提高各单位参与可靠性管理工作的积极性、主动性和创造性，夯实输变电可靠性管理基础，持续提高可靠性指标水平和管理水平，推动可靠性工作不断进步。本章主要介绍输变电可靠性监督与评价等方面的内容。

第一节　输变电可靠性工作监督

输变电可靠性监督是指政府管理部门、电力企业对输变电可靠性管理工作开展情况，输变电可靠性指标统计、分析、应用情况的合规性和规范性进行监督，输变电可靠性监督是对可靠性管理工作的基本要求。主要分为外部监督及内部监督。

一、外部监督

外部监督主要指国家能源局、国家能源局派出机构、地方政府能源管理部门和电力运行管理部门对电力企业电力可靠性管理情况进行的监督。国家能源局负责全国电力可靠性的监督管理，国家能源局派出机构、地方政府能源管理部门和电力运行管理部门根据各自职责依照《电力可靠性管理办法（暂行）》实施监督工作。

（一）日常信息监督

国家能源局可靠性管理中心负责全国电力可靠性监督管理日常工

作。电力企业作为电力可靠性管理工作的责任主体，应统计并按照《电力可靠性管理办法（暂行）》定期向能源局可靠性管理中心报送发电设备及辅助设备、输变电设施可靠性信息，报送省调及以上机组调度运行信息、重大非计划停运和停电事件可靠性技术分析报告、电力可靠性分析报告等信息。

（二）现场监督

目前，政府管理部门主要从以下 10 个方面对电力企业电力可靠性管理工作进行现场监督。

（1）是否贯彻执行有关电力可靠性监督管理的国家规定、技术标准、制定本企业电力可靠性管理工作规范并组织实施。

（2）是否建立电力可靠性管理工作体系，明确电力可靠性管理工作责任部门，设置电力可靠性管理岗位。

（3）是否建立电力可靠性管理信息系统，采集、统计、审核、分析、报送电力可靠性信息，组织实施电力可靠性预测、评估和评价工作，保证电力可靠性信息的准确、及时、完整。

（4）是否编制、发布电力可靠性管理工作报告和技术分析报告，评价分析电力设备、设施及电网运行可靠性状况，制定提高电力可靠性水平的具体措施并组织实施。

（5）是否有效开展电力可靠性管理与安全生产管理的结合，全面提高电力可靠性信息的应用水平。

（6）是否定期开展电力可靠性管理工作自查。

（7）是否有效开展电力可靠性技术培训，开展技术与管理项目研究应用。

（8）是否组织排查治理电力可靠性管理中发现的风险和隐患。

（9）是否对电力系统的充裕性进行监测协调和监督管理，保障电力供应。

（10）是否组织落实国家乡村振兴、优化营商环境、电网升级改造等工作中相关电力可靠性要求。

二、内部监督

内部监督主要是指电力企业按照《电力可靠性管理办法（暂行）》以及各类可靠性评价规程要求，认真开展本企业及所辖供电单位的电力可靠性管理工作自我约束行为，对电力可靠性专业管理的规范性和有效性等工作质量方面进行评价，不断促进电力可靠性规范管理，提升人员认识，进一步加强可靠性管理的基础性指导作用。

（一）监督管理

（1）电力企业是电力可靠性管理的重要责任主体，其法定代表人是电力可靠性管理第一责任人。电力企业按照下列要求开展本企业电力可靠性管理工作：

1）贯彻执行国家有关电力可靠性管理规定，制定本企业电力可靠性管理工作制度；

2）建立电力可靠性管理工作体系，落实电力可靠性管理相关岗位及职责；

3）采集分析电力可靠性信息，并按规定准确、及时、完整报送；

4）开展电力可靠性管理创新、成果应用以及培训交流。

（2）应建立并完善可靠性日常管理评价机制，组织开展远程及现场工作质量检查。对可靠性数据统计的准确性、及时性和完整性，以及可靠性专业管理的规范性、有效性等工作质量进行监督、检查和评价。

（3）对过程中可能影响可靠性的各环节进行监督，及时分析查找各环节存在的问题，督促相关专业部门制定改进措施并执行。

（4）各级可靠性归口管理部门开展内部监督工作时，重点对管理网络建立、规章制度落实、工作制度执行、日常管理、可靠性管理信息系统应用情况等方面内容开展监督。

（5）组织开展输变电可靠性指标诊断分析、工作检查、监督、评价和考核，制定相关措施并督促落实，形成可靠性管理闭环工作机制。

（二）监督形式

内部监督一般采取上级单位督查、同级单位互查、单位内部自查三种方式。

1. 上级单位督查

上级单位指公司及电科院组织的监督检查工作。主要对本企业的可靠性管理水平、可靠性工作及数据质量的检查。

2. 同级单位互查

同级单位指内蒙古电力公司所属各供电单位之间的检查工作。主要为提高管理水平、交流经验、查找各单位数据质量问题及亮点工作进行的检查。

3. 单位内部自查

单位内部自查指本企业内部组织的自行检查工作。主要解决可靠性管理工作中存在的问题、督促可靠性数据的录入工作。

在各级监管部门的共同督促下，目前，各供电公司都建立了可靠性日常管理监督机制，在企业内部对可靠性数据报送及时性和准确性进行统计与考核，对可靠性专业管理的规范性和有效性等方面进行了监督与检查，有效地进行了内部监督管理工作。

第二节　输变电可靠性监督管理工作检查

输变电可靠性检查工作是保证可靠性管理水平、工作质量和数据质量的重要方面，也是检验和评价各单位可靠性管理成效的重要内容。输变电可靠性检查是可靠性监督工作的一种具体工作方式。

一、前期准备

为了确保可靠性检查工作的顺利开展，在进行可靠性检查时，可根据实际需要成立检查组织机构，组织机构成员由参与检查的有关专家及工作人员组成，主要负责输变电可靠性检查的具体业务，包括审查受检单位提供的迎检资料、核查可靠性基础数据和运行数据、编写检查报告等。受检单位也可视需要成立迎检组织机构，明确分工，对各项迎检资料准备进行分解。在开展迎检工作时，可参考下面的内容对各部门进行分工。

（1）可靠性归口管理部门负责各项管理文件，相关规程、规定或作业指导书，技术改造、大修、基建、项目计划，月度、季度和年度可靠性诊断分析报告等。可靠性相关会商、会议纪要、公文流转记录，培训资料及其档案等。

（2）生产运维部门负责主网接线图，变电站一次接线图，主网检修计划，生产管理信息系统等。

（3）调控部门负责调度日志、停电公告、调度计划。

（4）各运行维护单位负责本部门的电网接线图，操作票、工作票，年度、季（月）度检修计划以及每月的生产工作计划，资产明细，设备台账（包括设备退役、更换明细），变电站运行日志、检修日志、设备缺陷记录，故障分析报告，事故及异常情况记录。

在检查前，检查组人员及受检单位应了解输变电可靠性检查的方式方法。输变电可靠性检查主要有会议访谈、资料审查、数据核查和走访工作现场等工作方式。其中，会议访谈是通过会议形式听取有关单位关于可靠性管理工作开展情况的汇报，了解所在单位的可靠性管理水平。如听取受检单位关于可靠性工作开展情况的汇报等；资料审查是对受检单位提供的可靠性资料从规范性、完整性、准确性等方面进行审查。如对电网接线图、工作票、操作票、设备台账、停电计划等基础资料进行的检查；数据抽查是对受检单位可靠性基础数据和运行数据从及时性、准确性和完整性等方面进行严格审查，抽查可靠性数据与调度日志、运行日志、工作票、操作票等数据来源的对应性，与生产管理信息系统、调度信息系统等进行比对。如根据停电公告抽查可靠性数据维护质量；走访工作现场是检查组通过现场查看设备实际情况和运行、检修记录，了解可靠性管理网络中有关人员对可靠性知识的掌握程度。如现场查看设备投退情况以及相关设备的基础信息。

二、检查内容

管理工作的检查内容主要有规章制度制定情况、管理网络建立情况、工作制度执行情况、日常工作开展深度等方面。

（一）检查规章制度

主要检查各单位执行上级单位规章制度的情况。主要从以下九个方面进行检查：

（1）是否按要求制订了适合本单位可靠性管理规章制度或实施细则。

（2）规章制度是否以正式文件印发。

（3）规章制度引用标准或文件是否准确、有效，不违背上级单位管理规定。

（4）规章制度是否内容完整，涵盖相关管理部门和管理环节，能够适应本企业管理工作实际情况，且指导性和操作性较强。

（5）是否针对可靠性管理的专责人制度、数据审核制度、分析会商制度、数据发布制度、培训制度、资格认证制度等六项工作制度要求提出具体的落实措施，明确相关管理流程。

（6）有无新投或异地重投设备资料移交等相关配套管理规定。

（7）规章制度修编有无相关管理规定。

（8）规章制度能否根据内部管理机构调整及时更新。

（9）规章制度是否有有效归档机制。

（二）管理网络建立

主要检查各单位是否建立和完善本单位可靠性管理工作网络体系，建立健全组织机构，制定本单位可靠性管理实施细则，开展本单位可靠性管理日常工作。主要从以下四个方面进行检查：

（1）是否成立了可靠性管理组织机构，并明确相应的职责。

（2）是否成立可靠性管理工作小组，有无明确相关业务部门职责。

（3）有无明确可靠性管理相关工作流程以及信息流转渠道，工作流程是否全面完整、覆盖管理全过程。

（4）是否已经明确建立六项工作制度和管理评估机制。

（三）工作制度执行

主要检查各单位输变电设施及回路可靠性人员配备情况、有关规章制度和可靠性日常管理流程是否有效执行。主要针对以下六项工作制度进行检查：

（1）专责人制度。是否按照专责人制度要求设立了可靠性管理专责岗位，各相关业务管理部门是否明确可靠性管理工作负责人和联系人。

（2）审核制度。可靠性数据审核工作流程是否合理，审核流程中是否包含了专责人和主管领导，可靠性数据是否按照流程进行了审核，并有流转痕迹。

（3）分析会商制度。主管部门能否定期召开可靠性管理相关工作会议和分析会议，是否定期或者不定期开展会商、协调工作，分析会商制度流程是否涵盖可靠性管理全过程相关环节，分析会商材料是否针对性较强，是否有对改进措施落实情况的跟踪机制，工作例会制度或生产例会上是否体现可靠性指标及工作完成情况。

（4）发布制度。数据发布是否能够定期执行，数据发布是否执行了规定的流程，并经过了相关审核。

（5）培训制度。是否按规定制定了培训计划，培训计划执行情况，可靠性管理专责和相关业务部门可靠性人员是否均参加过培训，并建立了培训档案，新任职人员是否经过了岗前培训，是否考试合格才上岗，是否了解相关的统计规则、工作规定和管理制度。

（6）资格认证制度。各单位可靠性管理岗位专责人是否经过国家能源局或中电联组织的电力可靠性培训班，是否取得合格证书，是否具备电力可靠性工作资格。

（四）日常工作开展深度

主要检查各单位可靠性目标制定、可靠性数据的收集、审核、分析和上报、综合停电计划管理、可靠性专业会议和专业人员培训、可靠性指标预测及分析应用等日常工作开展情况。主要从以下三个方面进行检查：

（1）目标管理。是否开展可靠性指标制定和分解，指标计划以正式文件印发；可靠性目标是否实行刚性管理，目标调整经过严格的审批程序；是否对相关部门指标完成情况进行监督和考核；是否开展指标预测工作，预测结果的准确性情况；有无建立过程性管控目标，并依据其开展工作；是否编制年度、月度停电计划，停电计划中有无不必要的重复停电项目。

（2）过程管控。停电计划是否执行刚性管理；是否定期开展可靠性工作检查；对重复停电、延时停电以及临时停电实行过程跟踪和严格管控；是否定期开展考核工作；数据维护、修改、删除有明确的流程和管理规定，并能够严格执行；能否确保可靠性信息系统运转良好，相关信息部门沟通协调渠道顺畅；可靠性系统与相关信息系统、资料之间对应度较高，实现闭环管理，并有有效的信息同步更新机制；设备退出、退役以及异地重投严格按照规定流程执行；单位月度例会和生产例会上是否对可靠性指标及工作质量情况进行通报和跟踪。

（3）指标分析应用状况。能否定期开展年底、月度诊断分析工作，并有相关分析报告材料；分析报告内容充实，有较强的指导性，至少涵盖分析和结论部分，结论中对整改措施落实情况进行分析、针对新的问题提出具体措施和整改建议；是否开展可靠性技术创新或项目研究并推广。

第三节　输变电可靠性数据质量检查

输变电可靠性数据的检查形式分为定期检查和不定期检查两种。可靠性数据检查主要是检查基础数据和运行数据的及时性、准确性和完整性。

一、基础数据检查

（一）检查范围及原则

检查本企业产权范围内、受委托运行、维护的输变电设施及新投运的设施是否纳入可靠性统计，即输变电可靠性统计范围是否符合要求。

基础数据的检查应遵循以下原则：

（1）基础数据与设施台账相符，设施台账与现场实际相符。

（2）基础数据的参数与设施台账参数相符，设施台账参数与现场铭牌参数相符。

（3）基础数据的投退、变动与设施台账相符，设施台账的投退、变动与现场实际相符。

（4）单个输变电设施只能归属于一个回路。组合电器将其内部的元件设备按照功能分别划分到相应的回路中。

（二）检查主要内容

（1）本企业所管理的统计范围内的输变电设施及回路是否都纳入了统计范围，以及新投运的设施是否按规定、时限要求及时纳入可靠性统计。

（2）单位属性、设施属性的名称、代码，在一个统计单位内是否保证唯一性，并符合可靠性信息系统的规则要求。分段管理和维护的输电线路涉及的单位是否按同一的代码和名称，各自分别按管理范围的参数特征进行注册登记。

（3）设施的电压属性、容量和长度单位属性，是否准确无误并符合要求。

（4）设施的管理、资产、电网、调度属性，是否清晰、规范、准确并符合要求。

（5）设施的来源属性，是否正确并符合规则要求。

（6）设施的出厂日期、投产日期是否准确，与实际相符并符合规律。

（7）新投输变电设施台账、设备信息变更、退出、报废退役等操作是否在规定期限内通过可靠性系统完成录入。

（8）设施的制造、安装、设计单位属性，是否相对标准和规范，并符合有关规定和要求。

（9）设施的型式、型号等表示属性，是否与实际相符，并符合有关规则要求。

（10）设施的技术性能标识属性，是否收集齐全、准确和正确填录。

（11）输变电可靠性回路注册数据是否完整、准确，包括单位信息、编码、名称、区域级别（用于输电回路和线变组变电回路）、电压等级、注册日期、退出日期、回路类型、电源点个数、所连接回路数、额定传输容量（只用于变电回路）、回路长度（只用于输电回路）、折算系数等。

（12）母线回路应包括同一变电站内，即以断路器和隔离开关连接的同一电压等级中的所有母线、母联、分段、旁路、旁联的所有设备及与母线直接相连的隔离开关。

（13）T接输电回路包括各分支输电线路本体及其与各侧所接变电站母线回路连接点以内的设备。对于分段管理的线路，应按资产分割点划分输电回路。

（14）线路变压器组接线方式按变电回路统计，包括本站变压器本体和与各侧母线回路连接点以内的设备、输电线路以及至对侧变电站与母线回路连接点以内的设备；由单相变压器组成的三相变压器组，三相作为一个变电回路统计；换流变压器的交流侧统计为一个变电回路统计。

（三）基础数据检查方法

（1）根据电网接线图核对输变电设施可靠性统计范围。

（2）根据变电站一次主接线图核对输变电可靠性基础数据。

（3）根据设施台账核对输变电设施可靠性基础数据的参数。

（4）根据现场设施铭牌参数核对输变电可靠性基础数据的参数及设施台账。

（5）根据生产管理系统等系统的数据核查输变电可靠性基础数据的参数及设施台账。

二、运行数据检查

（一）检查范围及要求

运行数据检查的范围包括纳入可靠性统计范围的所有运行事件，包括年（季、月）度、技改大修计划、基建里程碑计划、调度日志、变电站运行日志、检修试验记录、工作票、操作票、缺陷记录、断路器跳闸记录等可靠性管理原始资料。

运行数据检查的原则主要满足可靠性"及时性、准确性、完整性"要求，保证运行数据上报的及时、准确和完整，确保基础资料和相关信息系统一一对应，确保可靠性系统运行数据能够反映生产运行实际情况。

（二）检查主要内容

1. 运行数据录入的完整性

（1）对照有关的运行日志、工作票和操作票等原始记录，检查输变电设施可靠性统计事件数据是否有遗漏，是否按照 12 类输变电设施界限，将全部可靠性事件纳入统计。

（2）综合检修是否将进行检修作业的所有设施纳入统计。

（3）分段管理线路是否按实际检修情况进行了统计。

（4）办理退出的设备或线路，退出时间是否符合要求。

（5）轮换方式开展的检修作业或由于设备故障、报废、退役，停运时间是否符合要求。

（6）停运事件的状态分类、起止时间、停电设备、技术原因、责任原因以及备注说明信息是否准确填写。

（7）所有非计划停运事件是否已在备注中填写事件详细原因，其中应包括基础数据中不包含的制造厂家、施工安装单位、设计单位等基础信息。

（8）如停运事件因责任原因，当月无法给出准确定性而填写为"待查"的，是否下月数据报送前完成修改，逾期仍无准确定性原因的是否已书面上报备案。

（9）回路名称、停运性质、起始时间、终止时间、停运原因（含设备原因、技术原因、责任原因）、停运设备填写是否完整。回路停运的起始时间为回路功能丧失的时间，即为操作票上的最早停役操作开始时间或故障发生时间；回路停运终止时间为回路功能恢复的时间，即为操作票上的最晚复役操作结束时间或向调度报备用的时间。母线回路停运起止时间为因母线回路原因导致与之相连回路最早停运时间和最后恢复运行（或调备）的时间。

2. 运行数据定性的准确性

（1）是否存在将非计划停运事件定性为计划停运，或将计划（非计划）停运事件定性为调度备用和受累备用等人为错误定性运行数据。

（2）非计划停运事件分类定性是否准确。

（3）二次设备、通信远动设备改造期间对主设备进行工作，是否纳入停运事件统计。

（4）起止时间和终止时间的确定，是否符合规范的有关规定和要求，并与实际相符。

（5）同一工作事项中的每条事件记录"起始时间和终止时间"，既不能重复，也不能有交叉。

（6）对于跨月事件记录，是否按跨月要求录入为一条整条记录。

（7）分段管理和维护的线路进行事件统计时，"起始时间和终止时间"是否按实际发生情况统计。

（8）各类输变电设施可靠性事件停电设备、责任原因、技术原因是否选择正确，难以描述清楚的，是否在备注栏中加以文字补充说明。

（9）回路停运的判断与统计、回路折算系数的确定、回路停运时间的确定是否准确。

3. 运行数据维护的及时性

运行事件是否在规定的时间内及时完成录入。

4. 运行数据检查方法

（1）根据电网建设改造、技术改造和大修计划，明确工程项目实施情况和工程进度，对于其中涉及停电的项目，检查是否有相对应的停电事件。

（2）根据停电计划、停电信息检查是否有相应的停电事件；若该计划未执行，是否有停电计划取消或调整记录。

（3）参照有关的工作票、操作票、运行日志、故障异常记录等资料，检查系统中统计的运行事件是否有遗漏，停电时间和停电范围是否正确。

（4）根据变电检修试验、检修记录、变电工作票、事故抢修单、缺陷记录等，检查设施停电事件是否完整。

（5）根据生产管理信息系统中生产运行信息核对运行事件是否完整，是否一一对应。

（6）根据危急缺陷、严重缺陷记录及检修记录等，检查是否有相应的事故抢修单、工作票、操作票、停电记录及相应的停电事件。

三、检查资料清单

在输变电设施可靠性检查时，为提高检查的针对性，受检单位应必备的资料有电网接线图（含变电站电气接线图）、年度、季（月）度检修计划以及每月的生产工作计划、运行日志、操作票、工作票、反措计划、技术改造、大修、基建、城网项目计划等。检查资料清单如下：

（1）主电网接线图、35kV 及以上变电站一次接线图。

（2）主网调度日志、操作票、工作票。

（3）35kV 及以上 12 类输变电设备台账（需包括设备退役、更换明细）。

（4）年度、季（月）度检修计划及每月的生产工作计划。

（5）设备缺陷记录。

（6）变电站运行日志。

（7）主网事故跳闸报告及异常情况记录。

（8）断路器动作记录。

（9）输变电设备检修试验记录。

（10）基建、技改、大修工程相关资料。

（11）可靠性管理规章制度、管理细则等。

（12）可靠性相关会商、会议纪要、公文流转记录等。

（13）可靠性分析资料等。

（14）其他相关资料。

四、检查报告

检查过程的每一阶段均应形成相应的报告。为确保检查工作的效率，在上级单位开展检查前，各单位要先行开展自查，并编写自查报告。自查报告主要结构应包括以下几个方面。

1. 工作开展情况

介绍检查工作的具体安排、核查过程、受检单位配合情况等。

2. 可靠性管理工作开展情况

可靠性工作开展情况内容应包括可靠性管理体系的建设情况、可靠性专业管理工作质量和可靠性数据质量等内容。各部分详细内容可从整体情况、工作的主要特色和亮点、存在的主要问题三方面进行描述。

3. 整体工作评价及下一步整改方案

对工作情况进行整体评价，针对反映出的问题提出下一步工作的意见和建议。

核查要求及核查内容见表6-1，被查单位准备资料表见表6-2，问题清单见表6-3，输变电设施可靠性基础数据检查表见表6-4，输变电设施可靠性运行数据检查表见表6-5。

表 6-1 核查要求及核查内容

核查单位	核查重点	核查内容
超高压供电公司、供电分公司、输电管理处、变电管理处	（1）可靠性精益化管理工作开展、落实情况；公司重点工作按照节点完成情况。 （2）可靠性数据自查工作开展情况，是否建立全年自查计划，是否按照自查计划认真开展自查工作，自查记录表（手写版或电子版）是否按月认真填写，自查工作是否高质量完成。 （3）结合近年国家能源局对公司"获得电力"专项核查反馈情况来看，重点核查可靠性运行数据录入完整情况。严查停电事件录入信息不准确、漏录等情况。核查可靠性专业管理流程是否形成闭环。 （4）重点核查调度日志、操作票、工作票、应急抢修单、月度停电计划、公司各专业故障通报类文件。 （5）核查中发现的亮点工作进行记录。对技术创新及管理创新进行记录，挖掘可以推广的提升可靠性的技术、管理措施。 （6）检修平衡会相关会议记录及停电执行情况。 （7）可靠性系统基础数据录入是否及时、准确、完整。 （8）运行数据是否录入可靠性系统，录入运行事件责任原因定性、录入时间是否准确。 （9）可靠性系统录入计划停运与非计划停运时间是否符合可靠性管理规则、时间是否对应，非计划停运分类是否准确	（1）随机抽取输电线路、变电站、35kV 及以上输变电设施台账基础数据的 20%，核查录入数据的及时性、准确性、完整性。 （2）核查各单位管理范围内设施发生变化后是否进行了数据的调整。 （3）核查是否有异常现象，如短时间内新增、退出大量设施等。 （4）核查运行事件是否及时、准确、完整录入可靠性系统；核查事件的时间、事件的定性是否准确。 （5）日常工作流程是否清晰，输电专业掌握时间与变电专业掌握时间一致性、工作协调性。班组数据报送制度是否及时、规范、合理。 （6）开展培训情况，培训工作相关记录

表 6-2 被查单位准备资料表

序号	被查单位准备资料表
1	公司重点工作文件及可靠性相关文件
2	主电网接线图、35kV 及以上变电站一次接线图
3	主网调度日志、操作票、工作票、应急抢修单

序号	被查单位准备资料表
4	35kV 及以上 12 类输变电设备台账（设备退役、更换明细）
5	年度、季（月）度检修计划及每月的生产工作计划
6	设备缺陷记录
7	变电站运行日志
8	主网事故跳闸报告及异常情况记录
9	断路器动作记录
10	输变电设备检修试验记录
11	基建、技改、大修工程相关资料
12	可靠性管理规章制度、管理细则等
13	可靠性相关会商、会议纪要、公文流转记录等
14	可靠性分析资料等
15	培训工作相关记录

表 6-3 问 题 清 单

被查单位：		检查人员：		检查时间：	
发现问题		整改措施		整改情况	备注

表 6-4 输变电设施可靠性基础数据检查表

检查单位：		检查日期：		检查人员：	
序号	变电设施/线路		电压等级（kV）	错误记录	正确记录
变电基础数据检查总数：					
输电线路按电压等级条数及总数：			输电检查线路总数：		
漏录数：	完整率：	/	错误数：	准确率：	/

表 6-5 输变电设施可靠性运行数据检查表

检查单位：		检查日期：		检查人员：
核查运行事件是否及时、准确、完整，运行事件与各种运行记录（调度日志、预安排停电计划、急修记录、配电专业月度管控报表）是否一致，运行事件的定性是否准确，非计划停运分类准确性、是否有异常事件。				
序号	变电设施/线路	电压等级（kV）	错误记录	正确记录
输变电运行数据按月事件条数及总数：			检查事件条数：	
漏录记录数：	完整率：		错误记录数：	准确率：